震后农居处理技术指南
——排查　加固　新建

住房和城乡建设部科技发展促进中心
北京筑福国际工程技术有限责任公司　编著

U0265875

中国建筑工业出版社

图书在版编目(CIP)数据

震后农居处理技术指南——排查　加固　新建/住房和城乡建设部科技发展促进中心，北京筑福国际工程技术有限责任公司编著. —北京：中国建筑工业出版社，2014.7
ISBN 978-7-112-16925-2

Ⅰ. ①震… Ⅱ. ①住… ② 北… Ⅲ.①农村住宅-防震设计-指南　 Ⅳ. ①TU241.4-62

中国版本图书馆 CIP 数据核字(2014)第 111913 号

责任编辑：郑淮兵　马　彦
责任设计：董建平
责任校对：陈晶晶　张　颖

震后农居处理技术指南
——排查　加固　新建

住房和城乡建设部科技发展促进中心
北京筑福国际工程技术有限责任公司　编著

*

中国建筑工业出版社出版、发行(北京西郊百万庄)
各地新华书店、建筑书店经销
北京天成排版公司制版
廊坊市海涛印刷有限公司印刷

*

开本：787×960 毫米　1/16　印张：6　字数：200 千字
2014 年 9 月第一版　　2014 年 9 月第一次印刷
定价：**20.00** 元
ISBN 978-7-112-16925-2
(25544)

编　委　会

3

序

　　近年来，我国地震频发，给灾区房屋造成了严重的破坏，为了快速、妥善安置受灾地区的人群，及时做好灾后重建工作，地震灾后排查、鉴定、加固和重建是我国地震灾区工作的重中之重。

　　目前，农居建筑结构基本不设防，抗震性能相对较弱，在地震作用后，抗震能力较差的房屋基本都倒塌了。而更多的房屋，虽然没有倒塌，但遭受到了不同程度的损坏。对于震后受到破坏的房屋能否继续使用，需要有一个明确的判断，以便做出合理的决策，这就需要对其安全情况进行全面排查，排查主要包括两种情况：一是要对农居正常使用的房屋进行安全隐患的排查，帮助农民自查房屋，对可能存在的危险有所预警，避免地震来临时的伤亡。二是针对地震后，要及时进行房屋的安全排查，保障人员的安全，及时撤离危险房屋，避免余震或房屋构件突然坍塌带来的二次伤害。对于震后可以继续使用的房屋，应及时做出判断，避免过多的人露宿街头。

　　由于农村大量房屋在地震中存在不同程度的损坏，灾后重建主要以房屋加固为主、重建为辅的方式进行。汶川灾后重建的经验提醒我们：灾区重建要真正安全可靠才是先行的依据，必须从实际出发，研究"灾后重建学"，尤其要强化"综合减灾学"的指导。同时通过灾后重建，使一批建筑师和规划师深刻理解生命安全设计的本质。面对新型城镇化的蓝图，还必须从西南山地城镇的地质灾情评估与预评估入手，按自然规律办事，尤其要把握住山地城镇灾后重建的安全"底线"。具体而言，就是不能忽视山地人居环境的地域特征，必须落实建设工程的安全设计准则。对于新建的农居，各地应先做好地震灾区建筑工匠的建筑抗震和农居建造知识的培训工作，防止恢复重建的农居重蹈覆辙。对于有修复、加固价值的农居，应考虑就地取材、造价低廉等特点及时进行修复加固。因此，修复加固成为抗震排查、鉴定之后的工作之重，对于农居的新建及抗震加固技术，应遵循安全、实用、经济三大原则。

　　国家一再强调灾后重建要千方百计提升民居安全度，尤其是农民要提高防灾避险的能力，现阶段，提高建筑本身的抗震性能十分迫切，必须让乡镇、村庄那一片片灾后重建的"新家"不再不堪一击，必须在整体设计中设置必要的救灾减灾场所，可以在重建公园中升级公园为地震中的安全岛，学校也可以升级为救灾减灾中心。必须保障生命线系统"万无一失"。要做到真正的本质安全，就应该在总结汶川、玉树、雅安巨灾教训的基础上，制定非形式化的应急预案，着手真正的救灾物资配置，避免出现缺电、缺水、缺食物、缺药品和缺帐篷的情况。

本书具有重要的现实意义，针对农村住宅房屋抗震排查，加固及新建提供了切实可行的实施方案。这些措施简单易行、安全可靠，且经济性好，对于提高农村建筑的抗震能力、改善农民的居住条件和安全程度、规范农村建筑的抗震排查、震后修复和重建工作具有非常重要的现实价值。希望有关部门将此书广泛宣传，以提高全民的抗震防灾意识。

北京筑福国际工程技术有限责任公司总裁　董有

前　　言

我国幅员辽阔，地势地形复杂，农村占地和农村人口比例都较大，农村在国民经济中的地位非常重要。我国又是一个地震大国，我国大陆地震约占世界大陆地震的1/3。从2008年汶川8.0级特大地震至今，我国又连续发生了多次大地震（如青海玉树7.1级地震、雅安芦山7.0级地震），5级以上的地震及余震就出现了百余次，地震多发生在青海、西藏、四川、云南、新疆等地，而这些地方往往又是农村人口比例比较大的地方。地震对建筑物的破坏是非常普遍和严重的，建筑物的破坏会造成大量的人员伤亡和财产损失。据统计，地震中95％的人员伤亡是因建筑物破坏所致。地震造成的经济损失和人员伤亡极其严重。

根据历次地震调研结果显示：地震造成灾害最严重的房屋是农居，其主要原因是广大农民对房屋建造知识匮乏，抗震设防意识薄弱、防震减灾意识淡薄、施工质量难以保证、房屋年久失修等。近年来，我国面临着多次地震的考验，地震造成农村人口伤亡惨重，地震对农村经济和农业发展都有着重大的影响。因此，保证农村居民的生命、财产安全，保障农村农业的稳定发展，首先考虑的应是建造安全的农居。

本书主要从农居震害排查、加固和新建三部分内容进行论述。本书介绍了地震的基本常识、抗震设防的意义以及目前农居抗震工作的现状。分析了现有农居的特点和震害现象，根据不同的破坏程度对农居进行破坏等级划分，并给出了震前房屋的自检和震后房屋排查安全情况的判定。并针对不同结构形式的房屋，给出了具体的加固方法和一些新建农居的抗震技术方案。本书有以下几个特点：

1. 内容丰富。本书包含面广，知识点比较丰富，涉及了地震的基本知识、农居的分类、农居震害的特点、农居破坏程度划分、农居震害排查与加固以及新建农居的抗震技术等多个方面。

2. 简单易懂。本书适用目标读者群更多是农村建设部门或乡村施工人员。本书语言比较简单，通俗易懂，又不失一定的专业技术性。书中附有大量的图片以解释文字部分，清楚明了。

3. 创新性。以往的书籍很难看到关于农居震害排查的内容，本书结合作者的排查经验总结了关于农居震害排查的方法和标准，旨在帮助农民朋友能够快速进行震后排查，了解房屋的安全状况，避免二次危险。

通过本书的编著，一方面能培训农民的抗震意识，另一方面希望施工人员、农民以及其他对农居感兴趣的人们，在建造农居时，应当严格遵守抗震设防要求。在农居使用过程中，要能把握房屋的安全状况，对自家的房屋要经常进行自检，发现问题要及时地进行修补或给予合理加固措施，营造一个安全可靠的住所。

　　本书的编制得到了中国地震局地球物理研究所高孟潭副所长、中国地震局地壳应力研究所陆鸣副所长、中国地震灾害防御中心王东明博士、中国建筑标准研究院王寒冰博士的大力支持，他们为本书的编撰提供了很多有价值的意见和建议，在此我们表示衷心的感谢。由于编写时间仓促，作者水平有限，书中难免存在疏漏和不足之处，敬请广大读者给予批评指正。

北京筑福国际工程技术有限责任公司技术总裁　温斌

目　　录

序

前言

第 1 章　概述 ··· 1

　1.1　地震成因 ··· 1

　1.2　地震分布 ··· 2

　1.3　地震烈度和震级 ··· 2

　1.4　抗震设防水准 ··· 4

　1.5　抗震设防的意义 ··· 5

　1.6　我国农居设计相关规范 ··· 5

第 2 章　农居的震害调研与分类 ··· 7

　2.1　农居的震害调研情况 ··· 7

　2.2　农居抗震能力的现状 ··· 11

　2.3　农居的分类 ·· 12

第 3 章　农居的结构特点及其震害 ··· 14

　3.1　生土结构 ··· 14

　　3.1.1　生土结构房屋的特点 ··· 14

　　3.1.2　使用阶段缺陷 ··· 14

　　3.1.3　常见的震害现象 ··· 16

　3.2　木结构 ··· 17

　　3.2.1　木结构房屋的特点 ··· 17

　　3.2.2　使用阶段缺陷 ··· 19

　　3.2.3　常见的震害现象 ··· 19

　3.3　砌体结构 ··· 21

　　3.3.1　砌体结构房屋的特点 ··· 21

　　3.3.2　使用阶段缺陷 ··· 23

　　3.3.3　常见的震害现象 ··· 23

　3.4　石结构 ··· 25

　　3.4.1　石结构房屋的特点 ··· 25

　　3.4.2　使用阶段缺陷 ··· 26

　　3.4.3　常见的震害现象 ··· 26

第4章　农居地震破坏等级划分标准 ················ 28

　4.1　农居地震破坏等级划分 ···················· 28

　4.2　农居地震破坏实例分析 ···················· 29

　　4.2.1　生土结构 ························· 30

　　4.2.2　木结构 ·························· 31

　　4.2.3　砌体结构 ························ 31

　　4.2.4　石结构 ·························· 33

　4.3　影响农居地震破坏程度的因素 ··············· 34

　　4.3.1　地震情况 ························· 34

　　4.3.2　场地条件 ························· 34

　　4.3.3　房屋本身特性 ······················ 36

　　4.3.4　抗震设防条件 ······················ 37

第5章　农居抗震排查分析 ······················ 38

　5.1　农居抗震排查的原因与目的 ················ 38

　5.2　农居抗震排查的基本要求 ·················· 39

　5.3　农居抗震排查的基本流程 ·················· 39

　5.4　农居排查受损情况评级 ··················· 40

　5.5　农居抗震排查结果的基本判定 ··············· 42

　5.6　农居震前使用阶段的排查 ·················· 43

　5.7　农居震后排查 ······················· 44

　5.8　农居排查实例与方法 ···················· 47

　　5.8.1　生土结构 ························· 49

　　5.8.2　木结构 ·························· 49

　　5.8.3　砌体结构 ························ 50

　　5.8.4　石结构 ·························· 52

第6章　既有农居修复与加固技术 ················· 54

　6.1　概述 ··························· 54

　6.2　农居修复与加固标准 ···················· 54

　6.3　农居修复与加固方法 ···················· 55

　　6.3.1　生土结构 ························· 55

　　6.3.2　木结构 ·························· 56

　　6.3.3　砌体结构和石结构 ···················· 62

第7章　新建农居抗震技术 ······················ 71

　7.1　常见的农居抗震技术 ···················· 71

　　7.1.1　圈梁、构造柱 ······················ 71

　　7.1.2　钢筋砖过梁 ······················· 72

　　　7.1.3　砖墙体转角处、交接处施工方法 ･･････････････ 72

　　　7.1.4　墙体拉结 ････････････････････････････････ 73

　　　7.1.5　混凝土小型空心砌块插筋芯柱砌体 ･･････････ 74

　7.2　隐形构造柱和捆绑法 ････････････････････････････ 75

　　　7.2.1　隐形构造柱 ･･････････････････････････････ 75

　　　7.2.2　捆绑法 ･･････････････････････････････････ 75

　7.3　建筑隔震—基础隔震技术 ････････････････････････ 76

　　　7.3.1　新型改性沥青隔震垫(BS隔震垫) ･･････････ 76

　　　7.3.2　钢筋—沥青复合隔震层 ････････････････････ 77

　7.4　复合砂浆钢筋网薄层窄条带技术 ････････････････ 79

　7.5　轻钢屋盖 ････････････････････････････････････ 80

　7.6　新型结构形式 ････････････････････････････････ 81

　　　7.6.1　钢筋混凝土结构 ･･････････････････････････ 81

　　　7.6.2　轻钢内骨架结构 ･･････････････････････････ 81

参考文献 ･･ 83

北京筑福国际工程技术有限责任公司简介 ･･････････････ 84

第1章 概　　述

1.1　地震成因

　　地震是地壳的一种运动形式。地壳运动是自地壳形成以来地壳物质所受到的地球重心的持续作用，地壳升降方向的运动是频繁发生高级别地震的一个原因。地震根据形成因素分为构造地震、火山地震、陷落地震、诱发地震和爆破地震五类。其中，构造地震占地震总数的 90% 以上，它是由于地下深处岩石破裂、错动，把长期积累起来的能量急剧释放出来，以地震波的形式向四面八方传播出去，传到地面就会引起房摇地动，如图 1-1 所示。

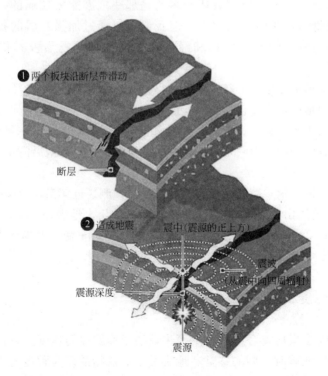

图 1-1　构造地震图

地震波发源的地方，叫作震源。震源在地面上的垂直投影，叫作震中。震中到震源的深度叫作震源深度。通常将震源深度小于 70 公里的叫浅源地震，深度在 70～300 公里的叫中源地震，深度大于 300 公里的叫深源地震。浅源地震大多分布于岛弧外缘、深海沟内侧和大陆弧状山脉的沿海部分。浅源地震的发震频率高，占地震总数的 70％以上，所释放的地震能量占总释放能量的 85％，是地震灾害的主要制造者，破坏性也最大。如 1976 年的唐山地震，震源深度为 12 公里；2008 年的汶川大地震，震源深度为 33 公里；2010 年的青海玉树地震，震源深度是 14 公里，它们都是浅源地震，破坏性都特别大。

1.2　地震分布

我国幅员辽阔，地势地形复杂，农村占地和人口比例都较大。同时，我国又是一个地震大国，中国大陆地震约占世界大陆地震的 1/3。自 2008 年汶川大地震以来，5 级以上的地震及余震就出现了近百次，地震灾害严重。而在这些地震灾害中，地震破坏最多的是那些抗震能力较弱的村镇建筑。地震是不可避免的，我们无能为力，但我们可以通过加强农居的抗震能力建设来抵御因地震造成的人员伤亡和经济损失，做好地震预警和抗震设防意义重大。

我国的地震活动主要分布在 5 个地区的 23 条地震带上：①台湾省及其附近海域；②西南地区，主要包括西藏、四川西部和云南中西部；③西北地区，主要包括甘肃河西走廊、青海、宁夏、天山南北麓；④华北地区，主要包括太行山两侧、汾渭河谷、阴山燕山一带、山东中部和渤海湾；⑤东南沿海主要是广东、福建等地。

我国大陆地震带多数属于板内地震，难以预测。近年来，我国破坏性的大地震有 1976 年的唐山大地震(M7.8)、2008 年的汶川大地震(M8.0)、2010 年的玉树大地震(M7.1)和 2013 年的芦山大地震(M7.0)，青海、西藏、四川、云南等地也均有较多 5 级以上地震。

1.3　地震烈度和震级

地震烈度是指地震对地表及工程建筑物影响的强弱程度。在没有仪器记录的情况下，凭地震时人们的感觉、地震发生后器物的反应程度、工程建筑物的破坏程度、地表的变化状况划定的一种宏观尺度。我国地震烈度如表 1-1 所示。

我国地震烈度表

表1-1

烈度	在地面上人的感觉	房屋震害程度		其他震害现象
		震害现象	平均震害指数	
Ⅰ	无感			
Ⅱ	室内个别静止中人有感觉			
Ⅲ	室内少数静止中人有感觉			悬挂物微动
Ⅳ	室内多数人、室外少数人有感觉，少数人梦中惊醒	门、窗轻微作响		悬挂物明显摆动，器皿作响
Ⅴ	室内普遍、室外多数人有感觉，多数人梦中惊醒	门窗、屋顶、屋架颤动作响，灰土掉落，抹灰出现细微裂缝，有檐瓦掉落，个别屋顶烟囱掉砖		不稳定器物摇动或翻倒
Ⅵ	多数人站立不稳，少数人惊逃户外	损坏——墙体出现裂缝，檐瓦掉落，少数屋顶烟囱裂缝、掉落	0～0.10	河岸和松软土出现裂缝，饱和砂层出现喷砂冒水；有的独立砖烟囱轻度裂缝
Ⅶ	大多数人惊逃户外，骑自行车的人有感觉，行驶中的汽车驾驶员有感觉	轻度破坏—局部破坏、开裂、小修或者不需要修理可继续使用	0.11～0.30	河岸出现塌方；饱和砂层常见喷砂冒水，松软土地上地裂缝较多；大多数独立砖烟囱中等破坏
Ⅷ	多数人摇晃颠簸，行走困难	中等破坏——结构破坏，需要修复才能使用	0.31～0.50	干硬土上易出现裂缝；大多数独立砖烟囱严重破坏；树梢折断；房屋破坏导致人畜伤亡
Ⅸ	行动的人摔倒	严重破坏——结构严重破坏，局部倒塌，修复困难	0.51～0.70	干硬土上出现许多地方有裂缝；基岩可能出现裂缝、错动；滑坡塌方常见；独立砖烟囱倒塌
Ⅹ	骑自行车的人会摔倒，处于不稳状态的人会摔离原地，有抛起感	大多数倒塌	0.71～0.90	山崩和地震断裂出现；基岩上拱桥破坏；大多数独立砖烟囱从根部破坏或倒毁
Ⅺ		普遍倒塌	0.91～1.00	地震断裂延续很长；大量山崩滑坡
Ⅻ				地面剧烈变化，山河改观

注：1. 表中的数量词，"个别"表示10%以下，"少数"表示10%～50%，"多数"表示50%～70%，"大多数"表示70%～90%，"普遍"表示90%以上。

2. 震害指数，将房屋震害程度用数字进行表示，通常以"1.00"表示全部倒塌，以"0"表示完好无损，中间按需要划分若干震害等级，用0～1.00之间的适当的数字来表示。

3. 平均震害指数，一个建筑物群或一定地区范围内所有建筑的震害指数的平均值，即受各级震害的建筑物所占的比率与其相应的震害指数的乘积之和。

地震震级是指地震时释放能量的多少。地震震级是根据地震仪记录的地震波的振幅进行测定的。震级等级的划分如表 1-2 所示。

震级等级划分　　　　　　　　　　　　　　　　　表 1-2

地震等级	影响程度	里氏震级	地震影响	发生频率(约)
微震	极微	<2.0	很小，人们感觉不到，只有仪器才能记录下来	每天 8000 次
有感地震	甚微	2.0～2.9	人一般没感觉，仪器可以记录	每天 1000 次
	微小	3.0～3.9	常常有感觉，但是很少会造成损失	每年 49000 次
	弱	4.0～4.9	室内东西摇晃出声，不太可能造成严重损失。当地震强度超过 4.5 级时，已足够让全球的地震仪监测得到	每年 6200 次
破坏性地震	中	5.0～5.9	可在小区域内对设计(建造)不佳的建筑物造成严重破坏，但对设计(建造)优良的建筑物则只会有轻度损害	每年 800 次
	强	6.0～6.9	可破坏方圆 160 千米以内的居住区	每年 120 次
强烈地震(大震)	甚强	7.0～7.9	可对更大的区域造成严重破坏	每年 18 次
特大地震	极强	8.0～8.9	可摧毁方圆数百千米区域内的建(构)筑物	每年 1 次
	超强	≥9.0		每 20 年 1 次

地震烈度是指地震在地面造成的实际影响程度，也就是破坏程度。影响烈度的因素有震级、距震源的远近、地面状况和地层构造等，它是根据人们的感觉和地震时地表产生的变动，还有对建筑物的影响来确定的。震级是指地震的大小，是以地震仪测定的每次地震活动释放的能量多少来确定的。地震烈度和震级是衡量地震的两把"尺子"。一次地震只有一个震级，而在不同的地方会表现出不同的强度，也就是破坏程度。比如 2008 年的汶川大地震，震级只有一个，就是8.0 级，但烈度就因地而异了。像北川县县城和汶川映秀镇是 11 度，青川县和汶川县部分地区是 10 度，甘肃省陇南市武都区和陕西省宁强县的交界地带以及汶川部分地区是 9 度，四川宝兴县与芦山县、陕西省略阳县与宁强县是 8 度，雅安雨城区等是 7 度，雷波县等是 6 度，太原是 5 度，北京是 2 度。一般情况下，仅就烈度、震源和震级间的关系来说，震级越大震源越浅，烈度也越大。

1.4　抗震设防水准

为了节约建造资金，避免不必要的浪费，同时又能满足抗震的基本要求，我国规定了抗震设防的三水准原则，即"小震不坏、中震可修、大震不倒"。具体理解如下。

第一水准：当建筑遭受低于本地抗震设防烈度的多遇地震影响时，一般不受损坏或不需要修理即可继续使用。

第二水准：当建筑遭受相当于本地抗震设防烈度的地震影响时，可能损坏，但经一般修理或不需要修理仍可继续使用。

第三水准：当建筑遭受高于本地抗震设防烈度的罕遇地震影响时，不致倒塌或发生危及生命的严重破坏。

1.5 抗震设防的意义

近年来，地震对建筑物破坏的后果仍历历在目，建筑物所遭受的破坏造成了大量的人员伤亡和财产损失。据统计，地震中95％的人员伤亡均因建筑物破坏所导致。特别是近年来，我国多发地震，农村人口伤亡惨重。地震对农村经济和农业发展都有着重大的影响。因此，保证农村居民的生命、财产安全，保障农村农业稳定的发展生产，更重要的是建造安全的农居。在建筑设计中，必须使建筑物符合一定的抗震等级要求，才能保证地震时人员的安全，减少地震造成的危害。因此，在设计、施工中按抗震设防要求和抗震设计规范进行抗震设防，提高抗震能力，营建安居工程，保证工程安全，是发展的长远之本。

由于农民抗震意识薄弱、技术条件有限，农居一般都是根据自家房屋的使用情况和经济条件自行建设。所以在农居建设时可能会出现一系列问题，如未经正规设计、材料强度较低、结构整体性差、各部分之间连接薄弱、基础与地基之间处理不当、施工质量没保障等问题。因此，针对农居建筑使用阶段的安全隐患排查、震后排查、农居存在的安全问题、采用什么样的加固措施或采用什么样的新建结构将成为农居抗震排查与加固的一项重要和艰巨的任务，本书将针对这些问题进行一一阐述。

1.6 我国农居设计相关规范

从2008年的汶川大地震到2010年的青海玉树大地震，这两次灾难性的地震发生以后，我国逐步开始关注村镇居民建筑的抗震情况，对农居加固和新建技术开始重视，对现有的抗震规范也做了相应修改。目前，针对农村地区房屋建设和安全性检查，我国现有可参考的相关标准主要有：

《镇（乡）村建筑抗震技术规程》（JGJ161：2008）；

《既有村镇住宅建筑抗震鉴定和加固技术规程》（CECS325：2012）；

《建筑抗震设计规范（附条文说明）》（GB 50011：2010）；

《砌体结构设计规范》（GB50003：2011）；

《混凝土结构设计规范》（GB50010：2010）；

《建筑结构荷载规范》（GB50009：2012）；

《建筑抗震鉴定标准》（GB50023：2009）；

《地震现场工作 第3部分 调查规范》（GB/T 18208.3：2011）；

《房屋危险鉴定标准》（JGJ125：2004）。

以上这些标准规定了农居建造的荷载取值、建造原则、建造方法、施工建议、抗震评估、鉴定内容、鉴定方法等相关方面，使农居房屋在抗震排查加固及建造时做到有章可循。

另外，我国还制定了震后评估的划分标准。如《建（构）筑物地震破坏等级划分》（GB/T24335：2009），该标准规定了建（构）筑物地震破坏等级划分的原则和方法。适用于地震现场震害调查、灾害损失评估、烈度评定、建（构）筑物安全鉴定，以及震害预测和工程修复等工作。《生命线工程地震破坏等级划分》（GB/T 24336：2009），规定了生命线工程地震破坏等级划分的规定，适用于地震现场震害调查、灾害损失评估、烈度评定，以及震害预测和工程修复等工作。

第 2 章　农居的震害调研与分类

2.1　农居的震害调研情况

1996 年 2 月云南丽江发生 7.0 级地震，地震共造成 309 人死亡，4070 人重伤，12987 人轻伤。因房屋倒塌、破坏严重造成无家可归者 185321 人。地震中 4 个县城和 6 个村镇倒塌各类房屋共计 68.68 万 m²，严重破坏 326.28 万 m²，中等破坏 758.22 万 m²，轻微破坏 954.44 万 m²。地震造成的直接经济损失达 30 多亿元人民币。地震中造成破坏最严重的为土木结构（主要是民族土木结构）类型的房屋，砖木结构的房屋次之，砖混结构与框架结构的房屋破坏较轻，经 7 度及其以上抗震设计并按设计要求施工的房屋破坏较轻。

1996 年 5 月内蒙古包头市固阳县发生 6.4 级地震，地震共造成 26 人死亡，364 人受伤，其中重伤 60 人，失踪 5 人。房屋破坏面积近 2000 万 m²，其中毁坏近 43 万 m²，灾区人口 210 万人，涉及 9 个旗县区、87 个乡镇，地震造成的直接经济损失约 15 亿元人民币。48.7% 的平房住宅遭到中等以上损坏，农居受损面积达 60 万 m²。

2003 年 2 月新疆巴楚伽师发生 6.8 级地震，地震共造成 268 人死亡、4853 人受伤，其中 2058 人重伤，灾区面积为 21498 平方公里，659392 人受影响。根据地震现场灾害调查与损失评估工作，此次地震造成的直接经济损失为 13.7 亿元人民币。

这三次地震灾害的分布情况如表 2-1 所示，地震破坏现象如图 2-1～图 2-3 所示。由调研情况可以看出：一般情况下，土木、砖木结构的房屋在地震作用下较容易受到破坏，砖混结构的房屋破坏程度一般，钢筋混凝土结构的房屋抗震性能较好，地震作用下破坏程度较轻。

三次 6 级以上地震调研情况（%）　　　　　　　　　　　　表 2-1

地震名称	结构类型	完好或轻微损坏	中等破坏	严重破坏	倒塌
1996 年 2 月云南丽江 7.0 级地震	土木、砖木结构房屋	大部分破坏，少数木构架结构相对破坏程度较轻			
	砖混结构	83.90	9.58	5.07	1.45
	钢筋混凝土结构	82.61	14.06	3.33	0.00

续表

地震名称	结构类型		完好或轻微损坏	中等破坏	严重破坏	倒塌
1996 年 5 月内蒙古包头 6.4 级地震	生土、土木、砖木结构房屋		少数	部分	46	12.3
	砖混结构		32.30	55.20	12.50	0.00
	钢筋混凝土结构		90	10	0.00	0.00
2003 年 2 月新疆巴楚 6.8 级地震	土木结构房屋	7 度区	66.26	17.39	12.94	3.38
		8 度区	12.56	17.48	27.20	42.74
		9 度区	0.00	0.00	0.00	100.00
	砖木结构	7 度区	75.30	19.20	5.50	0.00
		8 度区	35.00	40.00	25.00	0.00
		9 度区	0.00	30.00	50.00	20.00
	砖混结构	7 度区	88.70	7.60	3.70	0.00
		8 度区	60.00	27.50	12.00	0.50
		9 度区	42.50	20.60	34.80	2.10

图 2-1　云南丽江地震房屋破坏情况

图 2-2　内蒙古包头地震破坏情况

图 2-3　新疆巴楚伽师地震房屋破坏情况

　　2007 年 6 月 3 日云南宁洱发生 6.4 级地震，地震共造成 3 人死亡，562 人受伤，其中 30 人为重伤。宁洱地震导致云南普洱受灾户数达 22.46 万，受灾人数达 100.2 万，其中宁洱县 18.6 万人受灾，地震造成的直接经济损失约 19 亿元人民币。宁洱县的地震烈度为 8 度，其中，曼连、新平和太达三个村为 9 度重灾区。宁洱地震灾区的民房大部分都是土木和砖木结构，地震发生后，很多民房墙体向外倒塌，倾斜的木框架形成自然支撑物，使很多群众有机会得以逃生。震害情况如图 2-4 所示。

图 2-4　云南宁洱地震房屋受损情况
(a)砖木房屋受损情况；(b)砖混房屋倒塌；(c)单层房屋受损情况；(d)土木房屋倒塌

　　2008 年 5 月 12 日四川汶川发生了 8.0 级特大地震，地震共造成 69227 人遇难，374643 人受伤，17923 人失踪，直接经济损失达 8451.4 亿元人民币，这是新中国自成立以来遭受过的破坏性最大、波及范围最广、灾害损失最重的一次地震。在死亡人数中，60% 以上为村镇居民，特别是汶川县、北川县、绵竹市等地受损情况最为严重。震害情况如图 2-5 所示。

(a)　　　　　　　　　　　　(b)

图 2-5　四川汶川地震房屋受损情况

(a)砌体结构房屋屋瓦受损情况；(b)两层砌体结构严重受损情况

　　北京时间 2010 年 1 月 13 日，加勒比岛国海地发生 7.3 级大地震，震中离海地首都太子港 15 公里。震后太子港几成废墟，3/4 的地区需要重建。地震共造成 22.25 万人遇难，19.6 万人受伤。当时现场的震害情况如图 2-6、图 2-7 所示。

图 2-6　海地首都-太子港、总统府倒塌

(a)　　　　　　　　　　　　(b)

图 2-7　海地地震房屋受损情况

(a)窗间墙体严重受损；(b)砌体结构几近倒塌

2011 年 3 月 11 日，日本东北部海域发生 9.0 级地震，震源深度 24.4 公里，地震之后引发了海啸、火灾及核泄漏，导致大规模地方机能瘫痪和经济活动停止。截至 3 月 30 日 18 时共造成 11258 人死亡，16344 人失踪，地震之后 6.5 级以上的余震发生多达 5 次，东北地方部分城市遭到毁灭性破坏。海啸越过松林席卷沿岸数公里，大量房屋被冲毁，并随泥水漂流。当时现场的震害情况如图 2-8、图 2-9 所示。

图 2-8　宫城地区海啸将房屋淹没　　　　图 2-9　地震后引发的火灾

2.2　农居抗震能力的现状

由于各地经济条件差异大、技术水平不尽相同等多方面原因，经调研发现，目前农居抗震的现状归纳为以下几点。

（1）农居抗震设计与施工的政策法规相对滞后，目前，农居建设没有纳入政府管理体系，基本处于空白状态，亟待政府出台政策约束农居建设，争取早日完成农居安全工程计划。

（2）农村工匠大部分没有经过正规的管理培训，技术水平参差不齐，建房质量难以保证。

（3）农民抗震减灾意识薄弱，且经济条件有限，建造房屋时过于追求造价低廉，盲目减少或替换建筑材料，省略了某些抗震构造措施，降低了房屋的整体性和安全性。

（4）为了逐渐提高农民抗震意识，帮助经济条件差的地区尽快恢复震后重建工作，相关部门在一些地区建造了抗震安居示范工程。这些安全房在近两年的地震中不效减少了人员的伤亡数量，经受住了地震的考验。未来，大部分的农居建设仍然需要农民和工匠依靠自身，主动提高抗震意识，建造安全的房屋。

解决这些问题是农村民居地震安全工作长期化、制度化的基本要求。只有把现存的问题及时解决，才能逐渐解决民居安全的问题。

2.3　农居的分类

农居结构形式随着社会的发展不断发生着变化。特别是近年来，随着农村社会经济的巨大变革，城镇化进程的快速推进，农民对房屋的居住条件、使用功能的要求不断提高，农居结构形式与建设发生了很大的变化。

根据调研结果，初步将农居住宅划分为生土结构、木结构、砌体结构、石结构以及混杂结构五种结构类型，如图 2-10 所示。农居住宅的结构形式是根据主体承重结构的主要材料进行划分的，很多农居往往是村民根据自家的经济条

(a)

(b)

(c)

(d)

图 2-10　不同结构形式的房屋

(a)生土结构房屋；(b)木结构房屋；(c)砌体结构房屋；(d)石结构房屋

件和建筑功能的要求随意、自由的建造。农居结构形式多种多样，某一特定房屋具体结构形式不明确，采用多种材料混合建造，很难断定其属于哪一种特定的结构形式，大都是两种或多种结构形式的混合。例如，有的房屋框架内梁直接搁置到墙上，再如有些房屋下面是承重墙，上面是框架结构，框架梁有的搭建在底层柱上，有的搭建在两边山墙上，不完全属于框架结构也不完全属于砌体结构。农村自建房结构差异性很大，可以说以上各种结构形式均不是单一结构，却又将各种结构形式融入于一个结构单体中，无法判别到底属于那种类型结构，我们把这些房屋结构另归为一类，姑且称这种类型的结构为混杂结构。

由于混杂结构房屋是由两种或多种结构形式组合建造的房屋，材料的差异导致房屋刚度差别很大，转角处或上下结构之间连接薄弱，容易在地震作用下错裂断开，影响结构的整体性能，对抗震不利。混杂结构没有统一性，其抗震性能的差异性很大，具体抗震设计时应该从根本上改善结构的抗震性能。在这里，本书不再做具体、系统的研究。混杂结构房屋的抗震性能以及加固方法可以参考其他四种结构形式的房屋。

第3章 农居的结构特点及其震害

3.1 生土结构

3.1.1 生土结构房屋的特点

生土结构房屋主要是指用未焙烧而仅做简单加工的原状土为材料，建造承重墙体的房屋以及土窑洞、土拱房。按照墙体的成型方法，可将生土墙分为土坯墙和夯土墙两种。

(1) 土坯墙，是用泥土、柴草和水做成土坯搭造而成，施工工艺较为简单，强度低，常用于单层房屋。

(2) 夯土墙，是用一层土一层稻草、石子或石灰等材料搭架夯砸而成。夯土墙又可分为素土墙、草土墙、灰土墙。素土墙的承载力、抗震性能均比其他两种墙稍好，极限承载力稍差。一般夯土墙的每层夯实厚度为30～35cm。

在我国，生土结构建筑分布地域广阔，如山西的窑洞、福建的土楼、云南的土掌房等，如图3-1所示。

生土结构的优点是就地取材，大大减少了运输费用，易于施工，造价低廉，隔热效果好。生土结构的建筑冬暖夏凉，有良好的室内温湿度环境，节省了制冷、制热的能源消耗。无放射性物质，室内空气质量好，隔声性能好，低碳环保，房屋拆除后生土可回归大地或做肥料使用。

生土结构并非所有部分的材料都是生土，而是指生土承重的结构。如有些砖土房屋我们也把它列为生土结构。砖土混合房屋也有不同的构造形式，如图3-2所示，底部砌砖上部砌生土坯、四角砌砖柱墙体砌生土坯等。

生土结构的房屋在农居中也比较常见，但不同的材料之间连接性能较差，整体性和安全性均不好，不利于抗震。

另外，除了一般的生土房屋外，一些地区还根据本地地势地形建造了窑洞用于居住、生活。窑洞有利用拱力学原理建造的拱窑，也有依崖而建的靠崖沿窑和利用地势高差而建的地坑式窑洞。

3.1.2 使用阶段缺陷

生土结构由于材料的缺陷、导致其抗震性能很差，在使用过程中存在一些质

图 3-1 生土结构

(a)山西窑洞；(b)福建土楼；(c)云南土掌房

图 3-2 砖土混合房屋

(a)底部砌砖上部生土；(b)四角砌砖柱墙体生土

量问题；生土房屋容易出现开裂、局部易被压碎等现象，地震作用下更容易出现严重破坏或倒塌。因此，应在地震发生之前及时排检查生土结构的质量缺陷，尽早做出修补，非常有必要。生土结构房屋使用阶段的缺陷主要有以下几个方面。

(1)墙体裂缝。生土房屋出现裂缝是常见的现象。出现墙体裂缝的主要原因有：

1)干缩裂缝。由于生土房屋墙体在施工时土体有一定的含水率，在长久的使用过程中，由于天气炎热干旱，土体的水分逐渐减少呈干缩状态，最终导致土体开裂。这种裂缝在墙体上往往比较均匀，隐患也比较大。

2）局部集中应力裂缝。生土结构的房屋靠生土墙体承重，如果采用硬山搁檩，檩条下土体会承受较大的集中力，由于土体的承压能力非常差，受集中力作用之后住住容易在檩条下的局部区域形成裂缝。裂缝的存在会严重加剧地震造成的危害。

3）沉降裂缝。当生土房屋的基础沉降不均匀时，墙体就会随基础的变形而表现出不均匀的沉降，形成裂缝。

（2）墙体侵蚀。生土结构的房屋墙体在恶劣的环境下容易被侵蚀，从而减小墙体的截面面积、削弱墙体的承载能力。墙体的侵蚀有雨水侵蚀、风雪侵蚀、碱蚀等。侵蚀的程度与当地的环境、墙体勒脚的高度、防潮层的做法等有关。

（3）墙体砌筑方式产生的缺陷。有的地区墙体采用内外层不同材料的砌筑方式砌筑墙体，如外面砌砖里面砌土坯"里生外熟"的砌筑方式，内外墙之间没有连接措施，使用过程中墙体内外层分离而形成两张单独的皮，不利于墙体的整体抗震。

（4）屋盖下沉。为了隔热保暖，生土房屋的屋盖往往比较重，长时间的使用屋盖容易在屋面荷载作用下下沉。地震作用时，屋盖很容易产生塌陷进而危及居民的安全。

3.1.3　常见的震害现象

生土结构房屋抗震能力差，各部分的连接比较薄弱，地震作用下破坏严重，如图 3-3 所示。当地震烈度为 7、8 度时，生土结构就会出现整体倒塌、屋盖塌落、墙体开裂、局部酥碎、部分倾倒或整片墙体倾倒、山墙和横墙分开等被破坏的现象，墙体之间以及墙体与屋盖之间脱离造成房屋抗震能力脆弱，造成梁或檩移位，从而导致屋盖塌落。在地震烈度为 8 度及 8 度以上时，大部分生土房屋会严重破坏或倒塌。

图 3-3　生土结构强震下倒塌

常见的震害现象有以下几种：

（1）设计不合理引起的破坏。尤其是陕北地区常见的单坡生土房屋，后墙比前墙高 1.5～2.0m，地震时前后墙的惯性力相差悬殊，易造成墙体严重开裂和前后墙因变形差异而引起的屋盖系统塌落，甚至导致整个房屋倒塌。

（2）纵横墙交接处墙体出现裂缝。由于生土结构的墙体在转角处没有可靠的连接措施，受房屋整体约束较弱，地震作用下转角处容易出现竖向开裂或地震扭转下转角处应力集中而破坏，如图 3-4 所示。

（3）因墙体受压承载力不足而引起的破坏。屋盖系统的檩条或者大梁直接搁置在生土墙体上，墙体承受着屋盖系统的全部重量，在檩条、大梁或屋架与墙体的接触处荷载集中，墙体局部承压能力不足，造成承重墙体产生局部裂缝或局部坍塌。

图 3-4 转角墙体裂缝

（4）山墙外闪或屋盖坍塌。山墙与屋盖之间通常为硬山搁檩，在地震作用下，檩条与墙体搭接处因地震力冲撞造成檩条拔出，山墙倒塌，甚至屋架整体掉落。

（5）洞口边墙体局部破坏。当最外层的土坯独立工作时，洞口边墙体有立砌的土坯，在压力作用下立砌的土坯之间无拉结措施，泥浆的黏结性也较差，强度和稳定性均不足，导致土坯的墙体门窗洞口边土坯外鼓。

（6）对于土窑洞或土拱房结构的房屋，地震作用下容易出现窑洞或拱体坍塌。由于土体材料强度低、整体稳定性差，上部屋盖过重时，结构易造成拱推力的作用引起边墙体被推走，拱体塌落。

（7）其他破坏。当烟道设在墙内时，墙体局部被削弱，在地震力的作用下，烟道处墙体因强度不足易产生裂缝；当房屋不设置门窗过梁时，门窗洞口上角易出现倒八字形裂缝；当房屋因地基潮湿，而墙体未采取防潮措施时，墙角受潮剥落，墙根厚度减小，地震时易造成墙体破坏甚至倒塌。

3.2　木结构

3.2.1　木结构房屋的特点

由于木材具有便于加工、重量较轻、施工方便等优点，木结构建筑在传统建筑中应用较广。如现存的大型建筑故宫的主要结构材料是木材，屋面铺瓦。但随着木材的匮乏和新建筑材料的出现，木结构建筑逐渐被砌体结构和砖混结构所取代。目前，我国的农居房屋主要是以砖混结构为主，而木结构应用则越来越少。但木结构的优点是毋庸置疑的，并且这些优点正在被现代人重新认识。

我国农村地区大量存在木结构的建筑。木结构建筑具有以下几个方面的优点。

（1）抗震性。一般木结构是由木构架作为主要承重构件，生土墙、砌体墙或者石墙作为围护墙体的房屋结构。主要包括抬梁式木构架、穿斗式木构架、三角形木构架、木柱木梁木构架等形式，如图 3-5 所示。在梁柱交接处用"斗"与"栱"相互插入组成"斗栱"，斗栱逐层双向挑出，将结构在两个方向锁定，构成不变体系，并起到挑檐和缩短主梁跨度的作用。该类房屋的承重木构架承受屋顶荷载，承重结构具有很好的整体性和柔韧性。木结构的延性和抗震性能都比较好，大部分木结构房屋在低烈度地震时会表现出良好的变形能力，不易倒塌。这一点通过日本 1995 年的神户大地震得到了充分的证明，地震后保留下来的房屋大部分是木结构的房屋。

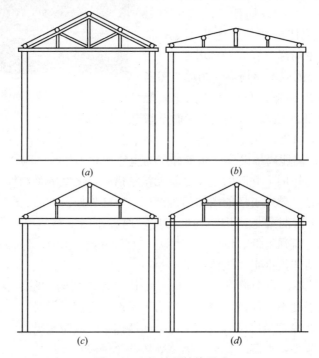

图 3-5　木构架的结构形式

（a）三角形木构架；（b）木柱木梁木构架；（c）抬梁式木构架；（d）穿斗式木构架

（2）耐久性。根据不同的建筑造型要求，木材被现代技术生产加工成了不同的墙体型材，经过阻燃、防腐等多项处理工序，木材结构或者构件更加坚固耐用。对抗自重及荷载作用下的下沉应力、抗干燥、抗老化等都具有很强的稳定性。如果使用得当，木材是一种稳定、寿命长、耐久性强的材料，在建筑中应用较广。

（3）保温性能好。木结构房屋被称为"会呼吸的房子"。木结构的墙体和屋架是木结构保温的主要的部位，是由木质规格材、木基结构覆面板和保温材料等组成。据测试，150mm厚的木结构墙体的保温能力相当于610mm厚的砖墙，相对于混凝土结构，木结构建筑可节能50%～70%，这个数字是非常可观的。木结构的环保性大大优于其他结构，对环境影响小，是公认的绿色建筑，如果能够合理利用木材建造木结构房屋也是不错的。

3.2.2 使用阶段缺陷

地震作用下木结构房屋会产生一定的变形，吸收大量的地震能量，所以木结构房屋具有较好的抗震性能。但是木材本身的一些缺陷会影响木结构的工作性能，因此，保证木结构使用阶段的安全、控制木结构的变形和修复缺陷对木结构抗震具有很重要的作用。木结构房屋使用阶段的缺陷主要有以下几个方面。

（1）木构件的弯曲。木柱、木梁在长时间荷载作用下会产生一定的变形，变形之后继续承受荷载作用又会产生附加的弯曲应力，直到构件破坏。

（2）木构件开裂。木材属于各向异性材料，横纹和顺纹两方向的强度相差很大，木材容易沿着纵向开裂，导致木构件的强度降低。同时，增大了木材与外界环境的接触面积，降低木材的耐久性。

（3）节点破坏。榫卯连接是木结构构件之间常见的连接形式，长期荷载作用下，节点容易出现脱榫、拉榫等现象，降低了节点的强度。另外，过多的节点破坏会导致木构架丧失稳定性从而出现倾斜或倒塌等破坏性现象。

（4）构件削弱。木构件之间一般用螺栓、铆钉、扒钉等相互连接，这些连接会对木材本身造成不同程度的削弱。再者，木材本身也存在一些斜纹、锯口伤、挠曲等质量上的缺陷，这些缺陷对木构件的正常工作均会产生一定的影响。有些缺陷是不可避免的，在施工时应尽量通过一些方法减弱缺陷造成的影响。

3.2.3 常见的震害现象

相对生土结构，木结构房屋具有较好的抗震能力。常见的震害现象有以下几种。

（1）墙体与木构架之间无可靠连接造成墙体外闪。对于木构架房屋，通常后砌筑的墙体与木构架之间存在30～50cm的距离。地震作用下，木构架不受墙体的约束并表现出良好的变形能力，但由于木构架与墙体之间没有可靠地连接，

图 3-6　木结构外墙倒塌

往往外墙体会出现外闪或倒塌的情况，但是木构架基本完好，如图3-6所示。

（2）原有缺陷导致承载力不足。木结构房屋使用时间较长后，由于各种外界因素导致木材表面防腐材料剥落，木材暴露在空气环境中，会出现木构架腐蚀或虫蛀等现象，不利于木构架抗震。另外，木构架节点松动会导致木构架歪斜、榫头折断、柱脚滑移等，这在一定程度上也会影响结构的抗震能力。地震作用下，这些缺陷容易加速房屋破坏，甚至会导致房屋倒塌，如图 3-7 所示。

图 3-7　木柱、木梁受损

（a）木柱折断；（b）木柱腐蚀；（c）木梁腐蚀

（3）溜瓦。一般的木结构都是坡屋面，瓦片直接铺放在椽子上，瓦片与椽子之间仅靠摩擦力固定。轻度地震作用下，瓦片就很容易从椽子上滑落并碎裂，重度地震作用下，屋瓦可能全部下滑，同时会造成檩条与主体木构架之间脱榫或檩条折断引起屋盖局部或整体塌落，如图 3-8 所示。

（4）柱脚滑移。为了防止木柱出现受潮腐蚀、虫蛀等破损，一般会在木柱下面垫石墩，但木柱与石墩之间往往没有可靠的固定连接，从而导致木柱滑移、倾斜，如图 3-9 所示。

（5）木构架整体变形或倒塌。较大地震作用下，木构架之间的榫连接容易松动，形成铰接节点而成几何可变体系，可变的木构架在地震作用下易发生倾斜，严重时可能导致整个结构倒塌。

图3-8 屋盖局部塌落

图3-9 柱脚滑移

3.3 砌体结构

3.3.1 砌体结构房屋的特点

砌体结构历史悠久，砖砌块是砌体结构房屋最普遍的建筑材料之一。在农村，农民经济得到了快速发展，以前的手工作业逐渐被现代化的机器所取代，农民生活水平得到了提高，农村建筑的结构形式也发生了很大的变化，砌体结构的房屋在农居住宅中越来越普遍。

目前，砌体结构的发展呈以下几种趋势：

（1）砌体结构应适应可持续性发展的要求。传统的小块黏土砖因其耗能大、毁田多、运输量大等缺点，越来越不适应可持续发展和环境保护的要求，故而改革势在必行。未来占据市场的砌块砌体是充分利用工业废料和地方性材料的砌块。如用粉煤灰、炉渣、矿渣等垃圾制成的砌块或废料制砖或者板材，变废为宝。

（2）发展高强、轻质、高效的材料。发展高强、轻质的空心块体，使墙体自重降低，生产效率提高，保温性能良好，且受力更加合理，抗震性能也得到提高。

（3）采用新技术、新结构体系和新设计理论。配筋砌块砌体具有良好的抗震性能，采用工业化生产、机械化施工的板材和大型砌块等可以减轻劳动强度、加快施工进度。

砌体结构是指由块体和砂浆砌筑而成的墙体、柱为主要受力构件的房屋。砌体结构房屋的块体多为砖、砌块、石块和墙板等。在一般的工程建筑中，砌体约占整个建筑物自重的1/2，用工量和造价约各占1/3，是建筑工程的重要材料。

砌体结构的墙体按照墙体材料和砌筑方式的不同可以分为实心砖墙、多孔砖墙、小砌块墙、蒸压砖墙和空斗砖墙等。

其中，实心砖墙是烧结普通砖，厚度多为一砖墙（240mm）或者一砖半墙（370mm）。实心砖墙具有较好的抗震能力。多孔砖墙是烧结多孔砖，孔洞率不小于25%的圆形或者非圆形空洞。小砌块砖墙的材料是混凝土小型空心砌块。蒸压砖墙的承重材料是蒸压灰砂砖、蒸压粉煤灰砖。空斗砖墙采用的是烧结普通砖砌筑的空斗墙体，厚度一般为一个砖厚（240mm），空斗墙的砌筑形式有一斗一眠、三斗一眠、五斗一眠和七斗一眠等，有的地区甚至采用无眠砖砌筑。空斗砖墙的优点是节约用砖量，缺点是砖墙里面是空体，稳定性和拉结性能不好，不利于抗震，在高烈度地区不应使用空斗砌筑的形式。空斗砖墙和实心砖墙的砌筑，如图3-10所示。

图3-10　空斗墙（左）和实心砖墙（右）

砌体结构的优点有：

（1）容易就地取材。以前砖块主要用黏土烧制，为了保护现有耕地和环境，不提倡再使用黏土烧结砖块了。石材的原料是天然石，砌块可以用工业废料——矿渣制作，来源方便，价格低廉。

（2）砖、石或砌块砌体具有良好的耐火性和较好的耐久性。

（3）砌体砌筑时不需要模板和特殊的施工设备，可以节省木材。新砌筑的砌体上即可承受一定荷载，因而可以连续施工。

（4）砖墙和砌块墙体能够隔热和保温，节能效果明显。所以既是较好的承重结构，也是较好的围护结构。

（5）当采用砌块或大型板材作墙体时，可以减轻结构自重，加快施工进度，进行工业化生产和施工。

砌体结构的缺点有：

（1）与钢筋混凝土相比，砌体的强度较低，因而构件的截面尺寸较大，材料用量多，自重大。

（2）砌体的砌筑基本上是手工方式为主，故而施工劳动量大。

（3）砌体的抗拉、抗剪强度都很低，因而抗震较差，在使用上受到一定限制；砖、石墙体的抗弯能力低。

（4）黏土砖需用黏土制造，在某些地区过多占用农田，影响农业生产。

3.3.2　使用阶段缺陷

由于砌体结构一般比较复杂，样式较多，应用也最为普遍，故而其使用阶段的缺陷也很多。

（1）墙体裂缝。砌体结构的墙体裂缝多种多样，主要有：①洞口四角的斜裂缝；②地基不均匀沉降造成的墙体裂缝；③纵横墙连接处脱离造成的转角墙体裂缝。

（2）局部掉砖。空斗墙体砌筑的斗砖内部呈空心状态，在外界力作用下容易掉落，因此，空斗墙体经常出现局部掉砖的现象。

（3）连接处错开。砌体结构纵横墙连接处，如果没有咬槎砌筑或连接不牢，墙体容易错开，影响结构的整体性，不利于抗震。

（4）楼、屋盖裂缝。当砌体结构的楼、屋盖的楼板为预制空心板时，空心板之间容易产生裂缝。当为屋盖时，裂缝处容易渗水、漏水，造成内部面层侵蚀脱落或存在其他影响。

3.3.3　常见的震害现象

历次震害的教训给我们建造砌体结构房屋一点提示，在以后的建造过程中，应避免或尽量减小此类破坏。在我国村镇住宅中，砌体结构的材料主要是以烧结砖为主。根据调研情况，常见的震害现象有以下几种。

（1）墙体裂缝。砖墙在水平地震往复作用下会产生水平裂缝、竖向裂缝或斜裂缝。其中，45°斜裂缝、"X"形斜裂缝和"八"字形斜裂缝是最普遍的现象，如图3-11所示。45°斜裂缝一般出现在地震烈度较大的区域的房屋墙体，"X"形斜裂缝一般出现在多次往复作用的地震区域的房屋墙体上，八字形斜裂缝一般出现在门窗洞口角处。

(a)　　　　　　　　　　　　(b)

图3-11　承重墙体的斜裂缝

(a)45°斜裂缝；(b)"X"形斜裂缝

（2）非承重墙体外闪或局部倒塌。由于非承重墙体和主体结构之间连接不牢，在地震作用下，非承重构件容易发生破坏，如图 3-12 所示。

(a)　　　　　　　　　　　　(b)

图 3-12　非承重墙体破坏

(a)窗下墙体外闪；(b)女儿墙倒塌

（3）墙体转角处开裂。对于砌体结构，在纵横墙连接处无可靠的拉结措施，转角处在地震作用下属于薄弱部位，彼此容易脱离降低房屋的整体性，如图 3-13 所示。

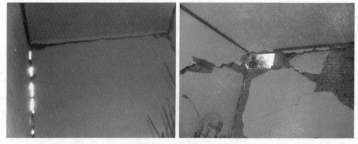

图 3-13　转角处墙体开裂

（4）楼梯间破坏。楼梯间墙体较高，空间整体性较差，地震作用下墙体容易开裂破坏，如图 3-14 所示。

图 3-14　楼梯间墙体开裂

（5）房屋倒塌。在强地震作用下，结构下部薄弱，当承重墙体承载力不足时，易造成底层房屋破坏而使整个房屋倒塌，或者结构上部先倒塌，砸到下部结构，下部结构随之严重破坏甚至倒塌。

3.4 石结构

3.4.1 石结构房屋的特点

石结构房屋以其取材方便、造价低廉、抗风、耐潮、耐腐蚀等优点受到沿海、山区居民的青睐，是沿海和山区居民普通人家所常采用的农居建筑形式之一。石结构房屋一般多为1～3层，如图3-15所示。

(a)   *(b)*

图 3-15 石结构房屋

石结构是由石砌体作为主要受力承重构件的房屋结构。石结构房屋的屋盖多为木屋盖或钢筋混凝土屋盖。石结构的主要材料有料石、毛石和片石等，如图3-16所示。石结构农居多分布在四川、西藏、福建、青海等地。

毛石   料石

图 3-16 石结构房屋

石结构房屋建造时大都"无抗震设计，无技术监管，无施工质量保证"，全凭施工者的个人经验进行施工，因此，石结构房屋抗震能力差，地震作用下，房屋的破坏往往比较严重。特别是外墙转角和纵横墙交界的地方，容易出现墙体倒塌。石结构房屋存在着众多抗震不利的缺陷。在中强地震作用下容易发生石梁、石板断裂或石墙外闪等破坏现象，危及人身安全，如图 3-17 所示。

(a)　　　　　　　　　　　　　(b)

图 3-17　石结构房屋破坏

(a)墙体与楼板连接差；(b)石楼板开裂

3.4.2　使用阶段缺陷

石结构房屋的缺陷和砌体结构的类似，故在此不再赘述。

3.4.3　常见的震害现象

石结构房屋和砌体结构房屋的震害现象基本一致。但有些砌筑石材形状不规则，降低了结构的整体性。并且石结构在转角处更不容易连接，容易发生破坏。常见的震害现象有以下几种。

（1）墙体裂缝。石墙砌筑质量不好，粘结材料过厚，级配不均等原因都会导致墙体在地震往复作用下产生斜裂缝，如图 3-18 所示。

（2）墙体转角处开裂。纵横墙的连接是石砌结构房屋中的一个薄弱环节。对于石结构房屋，纵横墙连接处无可靠的拉结措施，转角处在地震作用下属于薄弱部位，容易彼此脱离降低房屋的整体性。纵横墙连接不牢靠，纵向部分墙体震塌，承重横墙完好，形

图 3-18　墙体斜裂缝

成一个"开口的箱子"。有时，墙角砌筑时以直槎或马牙槎连接墙体，地震时纵横墙相互作用，在交接处或其附近产生竖向裂缝。

（3）墙体石块掉落。由于石块间的粘结材料强度不足、石块级配不好或墙体过厚，内外层石砌块不能咬槎砌筑，且粘结材料连接性能差，墙体内外层砌块相互脱离，形成两张皮，容易造成石块从墙体上脱落下来。在地震作用下，某一层

砌块发生外倾坠落现象会削弱墙体的承载能力。大的石块放置在墙体上部容易造成墙体"头重脚轻"，导致石块掉落甚至倒塌。

（4）整体倒塌。地震中，少量石结构房屋发生整体倒塌的主要原因是：石料级配不良，外形极不规则；纵横墙交接处无有效连接，整体性差；粘结材料强度不足，且接缝过厚；把大块的石头置于墙体顶部，造成墙体头重脚轻。

第 4 章　农居地震破坏等级划分标准

4.1　农居地震破坏等级划分

根据中华人民共和国住房和城乡建设部印发的《建筑地震破坏等级划分标准》第七章关于民房的破坏标准划分要求：①适用于未经正规设计的木柱、砖柱、土坯墙、空斗墙和砖墙承重房屋，包括老旧的木楼板砖房等二层以下民居建筑；②评定民房的地震破坏时，应着重检查木柱、砖柱、承重墙体和屋盖，并检查非承重墙体和附属构件。现将农居震后的损坏程度划分为基本完好、轻微损坏、中等破坏、严重破坏、倒塌五个等级。

目前，生土结构房屋只存在于一些经济条件很差的地区，石结构房屋由于其材料的局限性也不是很多，一般木结构房屋、砌体结构房屋现存居多。不同破坏程度的农居的一般处理方式有以下几种。

（1）基本完好：一般不需修理即可继续使用。

（2）轻微损坏：不需修理或需稍加修理，仍可继续使用。

（3）中等破坏：需一般修理，采取安全措施后可适当使用。

（4）严重破坏：需大修、局部拆除。

（5）倒塌：需拆除。

农居生土结构、木结构、砌体结构和石结构四种结构形式房屋地震破坏等级的划分标准如表 4-1 所示，农户可根据此标准对自家房屋进行农居破坏程度的初步判定，了解自家房屋的一个安全状况，避免农居存在安全隐患给农户带来损失，同时也为相关部门快速统计地震经济损失和做好后续工作提供方便。

农居地震破坏等级划分　　　　　　　　　　　表 4-1

结构类型	生土结构	木结构	砌体结构	石结构
基本完好	承重生土墙体完好；个别非承重生土墙体轻微裂缝；附属构件有不同程度破坏	木柱完好；个别非承重墙体轻微裂缝；屋面溜瓦；附属构件有不同程度的破坏	承重墙体、砖柱完好；个别非承重墙体轻微裂缝；附属构件有不同程度的破坏	承重墙体、石柱完好；个别非承重墙体轻微裂缝；附属构件有不同程度的破坏

续表

结构类型	生土结构	木结构	砌体结构	石结构
轻微损坏	承重生土墙体完好或部分轻微裂缝；非承重墙体多数轻微裂缝，个别明显裂缝；山墙轻微外闪；附属构件严重裂缝或塌落	木柱完好或部分轻微裂缝；非承重墙体多数轻微裂缝，个别明显裂缝；山墙轻微外闪；附属构件严重裂缝或塌落	承重墙体、砖柱完好或部分轻微裂缝；非承重墙体多数轻微裂缝，个别明显裂缝；山墙轻微外闪或掉砖；附属构件严重裂缝或塌落	承重墙体、石柱完好或部分轻微裂缝；非承重墙体多数轻微裂缝，个别明显裂缝；墙体轻微外闪或掉石；附属构件严重裂缝或塌落
中等破坏	承重生土墙体多数轻微裂缝，部分明显破坏；个别屋面构件塌落；非承重墙体明显破坏	木柱多数轻微裂缝，部分明显破坏；个别屋面构件塌落；非承重墙体明显破坏	承重墙体、砖柱多数轻微裂缝，部分明显破坏；个别屋面构件塌落；非承重墙体明显破坏	承重墙体、石柱多数轻微裂缝，部分明显破坏；个别屋面构件塌落；非承重墙体明显破坏
严重破坏	承重生土墙体多数明显破坏或部分严重裂缝；非承重墙体多数严重裂缝或倒塌；部分屋面塌落	木柱倾斜；承重墙体多数明显破坏或部分严重裂缝；非承重墙体多数严重裂缝或倒塌；承重屋架或檩条断落引起屋面塌落	承重墙体、砖柱多数明显破坏或部分严重裂缝；非承重墙体多数严重裂缝或倒塌；屋架或檩条断落引起屋面塌落	承重墙体、石柱多数明显破坏或部分严重裂缝；非承重墙体严重裂缝或倒塌；屋架或檩条断落引起屋面塌落
倒塌	承重生土墙体多数倒塌	木柱多数折断或倾倒，木构架解体	承重墙体、砖柱多数倒塌	承重墙体、石柱多数倒塌

注：1. 承重构件是指承受主要荷载的构件。
  2. 非承重构件一般是指隔墙、填充墙、围护墙等。
  3. 附属构件是指出屋面小烟囱、女儿墙以及其他装饰构件。
  4. "个别"是指5%以下；"部分"是指30%以下；"多数"是指超过50%。

4.2 农居地震破坏实例分析

针对农居住宅的震后损坏程度我们给出了划分标准，为了便于读者对震后农居损坏程度有一个充分的认识和快速的判断，现将具体的就每种结构形式不同震害程度的房屋分别进行详细介绍并加以分析，以便读者有一个深刻的印象和熟练地掌握。因为支撑整个房屋结构的是房屋的承重主体结构，它直接决定房屋震后受损破坏程度，所以，在进行农居的震后破坏等级评定时应以承重构件的破坏程度为主，其他部分(如屋盖系统、非承重墙、附属构件或其他构件)的破坏程度只是作为一个参考，辅助判断整体房屋结构的破坏等级。

4.2.1　生土结构

如图 4-1 所示，为生土结构房屋不同的破坏程度：其中，(a)图承重生土墙体基本完好，房屋整体结构也基本无损伤，为基本完好。(b)图承重生土墙体极少轻微裂缝，屋面瓦有轻微的滑落，属于轻微损坏。(c)图承重生土墙体虽基本完好，但是承重屋面构件局部有塌落的现象，另外，非承重墙体也有局部塌落，属于中等破坏。(d)图承重生土墙体明显破坏，非承重生土墙体多数倒塌，部分屋面塌落，属于严重破坏。(e)图承重生土墙体多数已经倒塌，屋架也塌落，属于倒塌。

图 4-1　生土结构不同的破坏程度
(a)基本完好；(b)轻微损坏；(c)中等破坏；(d)严重破坏；(e)倒塌

4.2.2 木结构

如图 4-2 所示为木结构房屋不同的破坏程度：其中，(a)图木结构中的木柱完好，承重的木墙体也基本完好。从外观看，房屋存在一些附属裂缝，房屋整体完好，不需修补即可继续使用，属于基本完好。(b)图木柱完好，二层非承重墙体面层有剥落的痕迹，屋盖有轻微的破坏，稍加修理即可继续使用，属于轻微损坏。(c)图木梁有轻微的裂缝，屋面构件个别塌落，部分围护墙体倒塌，需要修理并采取一定的安全措施才能使用，属于中等破坏。(d)图木柱倾斜，部分承重构件破坏，多数非承重墙体倒塌，檩条断落引起屋面塌落，需要大修才能使用，属于严重破坏。(e)图木柱倾倒，木架构解体，需要拆除重建，属于倒塌。

图 4-2　木结构房屋不同的破坏程度
(a)基本完好；(b)轻微损坏；(c)中等破坏；(d)严重破坏；(e)倒塌

4.2.3 砌体结构

如图 4-3 所示，为砌体结构房屋不同的破坏程度：(a)图承重墙体完好，其他墙也基本无裂缝，房屋整体完好，不需要修补即可继续使用，属于基本完好。(b)图承重墙体出现部分轻微裂缝，其他地方基本没有明显裂缝，房屋整体状况良好，稍加修理即可继续使用，属于轻微损坏。(c)图承重墙体出现了一小部分的明显破坏，房屋右侧屋面构件有个别的塌落现象，房屋需要修理并采取加固措施才能继续使用，属于中等破坏。(d)图承重墙体出现了多数明显破坏，局部甚至塌落，屋面也有塌落的现象，需要大修或者直接拆除，属于严重破坏。(e)图房屋承重构件多数倒塌，需要拆除，属于倒塌。

图 4-3　砌体结构不同的破坏程度
(a)基本完好；(b)轻微损坏；(c)中等破坏；(d)严重破坏；(e)倒塌

4.2.4 石结构

如图 4-4 所示，为石结构房屋不同的破坏程度：(a)图石结构房屋承重墙体完好，其他结构也基本完好，房屋整体属于基本完好。(b)图承重墙体基本完好，有个别掉石的现象，但不影响墙体承重，稍加修理即可，属于轻微损坏。(c)图承重墙体部分由明显的破坏，裂缝较多，属于中等破坏。(d)图承重墙体明显破坏，非承重墙体倒塌，属于严重破坏。(e)图承重墙体多数倒塌，屋架也塌落，属于倒塌。

图 4-4　石结构不同的破坏程度

(a)基本完好；(b)轻微损坏；(c)中等破坏；(d)严重破坏；(e)倒塌

4.3　影响农居地震破坏程度的因素

影响农居地震破坏程度的因素有很多，总结起来大致可以分为地震情况、场地条件、房屋本身特性和抗震设防条件四大类。

4.3.1　地震情况

地震情况包括地震的震级、震源深度、震中距等。

震级是指地震释放的能量，震级越高，地震释放的能量越多，地震对农居的破坏越严重；反之，震级越低，地震释放的能量越少，地震对农居的破坏越轻。

震源深度是指从震源到地面（震中）的垂直距离。在同级地震下，震源深度越浅，地震对农居的破坏越严重；反之，在同级地震下，震源深度越深，地震对农居的破坏越轻。

震中距是指地面上任何一点到震中的直线距离。离震中越近，地震造成的破坏越严重，离震中越远，地震造成的破坏越轻。

4.3.2　场地条件

场地条件影响的主要是地质条件、地基阻尼、地震波波长等。

地质条件主要是指有地下基岩、河滩软弱地基、断裂带等的地域。地质条件差的地方，地基软弱，农居在地震中很容易受损；反之，地质条件较好的地方，地震波受阻，能量在传递中受损，地震对农居的破坏较弱。

地基阻尼主要是指由地基向房屋传递地震能量的过程中地基对能量的消耗。凡是带有地下室或者地下通道的房屋震害相对减轻，建筑设置地下室增大了与地基土的接触面积，改善了地基基础的动力条件，使其阻尼增大，因此在这一部位耗散地震能量的能力增强，对减轻上部建筑结构的震害有利。如果地基具有很好的消能能力，地震发生后，场地消耗了大量的能量，地震对建筑的破坏就会明显减弱，从传播途径上减小了地震的危害。如果场地消能能力弱，地震发生后，大部分的地震能量传给了地基与基础，地基与基础的破坏加剧了建筑的破坏，整个建筑很可能因承受不住地震作用而倒塌，危害人们的健康安全。

地震发生在地下深处，地表为什么会振动？这是震源地方的岩石破裂时产生的弹性波在地球内部和地球表面传播的结果，像这种发生于震源，并向四处传播的弹性波，称为地震波。不同性质的土层对地震波包含的各种频率成分的吸收和过滤的效果不同。地震波在传播过程中，振幅逐渐衰减，在土层中高频成分易吸收，低频成分震动传播得更远。因此，在震中附近或在岩石等坚硬土壤中，地震波中短周期成分丰富。在距震中较远的地方，或当冲击土层厚、土壤又较软时，短周期成分被吸收而导致以长周期成分为主，这对高层建筑十分不利。此外，当深层地震波传到地面时，土层又会将振动放大，土层性质不同，放大作用也不同，软土的放大作用较大。当地震波的波长和建筑间距之间存在耦合作用的时候，地震对农居的破坏就会呈一定的规律性，如隔间破坏或隔片儿破坏等。这是地震影响农居破坏程度的一个特殊的因素，这种现象在1976年的唐山大地震中出现过。

因此，合理的选择建筑场地对建筑抗震非常重要。从地震安全的角度考虑，农居选址应首先做好以下准备：

(1) 重视选址，避免随地建造房屋。农居建设应首先考察选址地的土质、土层条件、地下水位、地形地貌等，避免因选址不利造成房屋的危险。一般将房屋尽量建造在土质条件较好、土体较硬的土质上。对于地下不同深度土质不同的地方，农居房屋为浅基础，直接建造在上层土层上即可。一般建造房屋时多将房屋建造在地形平坦的地方，因为地形过于崎岖会增加建造成本，并且对于房屋的稳定性和安全性都没有保障。

(2) 预防为主，防治结合。农居建造应以预防可能的自然灾害为主，避免过多的经济投入。当遇到用地紧张或者地理条件的限制等原因时，房屋选址不能满足(1)中的原则且无法做到预防为主时，我们应该对选址区进行一些处理以达到防治的目的。如对山坡岩土进行边坡处理、基础处理、置换土体等。

根据《建筑抗震设计规范(附条文说明)》(GB 50011—2010)按照土的类型将建筑地段分为三类，它们分别为有利地段、一般地段和不利地段。土的类型划分和地段类型划分如表4-2和表4-3所示。在建造农居时，应坚持避开危险地段，慎选不利地段，可选一般地段，首选有利地段的选址原则。

土的类型划分　　　　　　　　　　　　　　　　　表 4-2

土的类型	岩土名称和形状	土层剪切波速范围(m/s)
岩石	坚硬、较硬且完整的岩石	$v_S > 800$
坚硬土和软质岩石	破碎和较破碎的岩石或软和较软的岩石，密实的碎石土	$800 \geqslant v_S > 500$
中硬土	中密、稍密的碎石土，密实、中密的砾、粗、中砂，$f_{ak} > 150$ 的黏性土和粉土，坚硬黄土	$500 \geqslant v_S > 250$
中软土	稍密的砾、粗、中砂，除松散外的细、粉砂，$f_{ak} \leqslant 150$ 的黏性土和粉土，$f_{ak} > 130$ 的填土，可塑新黄土	$250 \geqslant v_S > 150$
软弱土	淤泥和淤泥质土，松散的砂，新近沉积的黏性土和粉土，$f_{ak} \leqslant 130$ 的填土，流塑黄土	$v_S \leqslant 150$

注：f_{ak} 为由静载试验等方法得到的地基承载力特征值(kPa)；v_S 为岩土剪切波速。

地段类别划分　　　　　　　　　　　　　表 4-3

地段类别	地质、地形、地貌
有利地段	稳定基岩，坚硬土，开阔、平坦、密实、均匀的中硬土等
一般地段	不属于有利、不利和危险的地段
不利地段	软弱土，液化土，条状突出的山嘴，高耸孤立的山丘，陡坡，陡坎，河岸和边坡的边缘，平面分布上成因、岩性、状态明显不均匀的土层(含故河道、疏松的断层破碎带、暗埋的塘浜沟谷和半填半挖地基)，高含水量的可塑黄土，地表存在结构性裂缝等
危险地段	地震时可能发生滑坡、崩塌、地陷、地裂、泥石流等及地震断裂带上可能发生地表错位的部分

4.3.3　房屋本身特性

影响农居地震破坏程度的房屋本身，其特性主要包括农居的建筑体型、结构类型、房屋重心高度、施工质量、自身动力特性等。

农居的建筑体型对房屋抗震能力有着很大的影响，为了满足利于房屋抗震的要求，在建造农居时，应遵循"平面形状规则、上下刚度不突变、结构构件与非结构构件变形协调"的原则。对于复杂平面的房屋建筑，如果刚度中心和质量中心不重合，地震作用下房屋容易因扭转进而被拉坏。房屋平面过于复杂时，独立的单元与其他单元连接不牢或地基不稳容易造成房屋局部的倒塌碰撞或沉降开裂。另外，突出的局部结构在地震时也容易首先被破坏，进而加重农居的整体破坏性。

农居的结构类型是影响农居地震破坏程度最重要的因素之一。鉴于各地经济条件、地理条件、取材、施工技术、风俗习惯等的差异性，选择合适的结构类型是很重要的。在房屋的同一楼层或上下楼层之间，若把不同结构形式或结构材料混合布置，两种结构的变形和空间振动特性不同，房屋将产生不协调的振动，会大大地加重农居震害。因此，结构类型选择的好坏是直接影响农居地震破坏程度的一个重要因素。

房屋的重心是影响房屋抗震能力的又一重要因素。在建造房屋时，一般降低房屋的重心以便使房屋利于抗震。但有些地方为了节省用地或者只是增加房屋的层数，房屋的重心提高，发生地震时震害较严重。减轻屋盖的自重也是降低房屋重心从而减小房屋地震破坏程度的一种方法。

施工质量对房屋的地震破坏程度具有很大影响。由于施工队伍技术水平千差万别，工匠也很难在施工前进行专业的技术培训和施工工艺指导，房屋的施工质量很难得到保证。如果施工质量存在问题，可能会引发一系列的房屋问题，如传力途径偏离原设计、构件之间连接不牢、材料强度不足等，施工质量差的房屋很容易在地震中发生严重的破坏。

建筑自身的动力特性对建筑物是否被破坏以及破坏程度也有很大的影响。建筑物动力特性是指建筑物本身的自振周期、振型与阻尼，它们与建筑物的质量和结构的刚度有关。质量大、刚度大、周期短的建筑物在地震作用下惯性力较大；刚度小、周期长的建筑物位移较大，但惯性力小。特别是当地震波的卓越周期与建筑物的自振周期相近时，会引起类共振，导致结构的地震反应加剧。

4.3.4　抗震设防条件

做好抗震加固和抗震设防是提高房屋抗震能力最重要的方法之一。

抗震加固是保证房屋在使用过程中安全、在地震时不致倒塌危及人们生命的重要措施。对于加固的房屋，震后破坏减轻，人们有更多的机会逃离危险区。

抗震设防是指在房屋建造时采取抗震设计并增加一些抗震构造措施以达到抗震的作用。历次地震表明，有抗震设防的房屋比没有抗震设防的房屋在经受地震破坏时受损程度轻，抗震设防有利于地震时减轻房屋的破坏程度。

第 5 章　农居抗震排查分析

农民的自建房大部分都是抗震性能不满足当地抗震设防要求的，本章的目的是教会当地农民或工匠判断房屋的结构、材料是否有重大隐患或缺陷。对于已经发生损坏的房屋，通过本章的排查分析学习能够判断损坏程度是否会对居住安全构成重大威胁。对于排查中发现的一些问题，提供给农民一些有效的、能实施的解决方案。

5.1　农居抗震排查的原因与目的

农居排查就是对农居安全隐患和房屋受灾后的情况进行粗略的检查。一个地区或区域发生严重的地震、泥石流、火灾、雪灾等自然灾害后，作为相关部分，要对灾害产生的财产损失、人员伤亡、房屋受损情况等排查摸底做出统计。

目前，农居建筑结构基本不设防，防震抗震能力相对较弱，再加上近几年地震频发，地震发生后，抗震能力较差的房屋可能已经倒塌，需要重新修建。而更多的房屋只是遭受不同程度的小范围损坏，只需稍微修补即可继续居住，有些房屋需要一定的加固措施才能保证居住安全。对于农居能否继续居住，我们需要有一个明确的判断方法，以便做出合理的决策，避免一些安全隐患。有安全隐患的建筑，如果不及时进行修复并采取加固措施，一旦再次遭到外来不可预测的风暴、泥石流或余震等灾害时，人们的生命安全就很难保证，更会带来不可估量的经济损失。所以，应该对其安全情况进行全面排查，根据需要进行鉴定，按照防震要求进行必要的加固或重建，排除现在正在居住农居的安全隐患，防止因地质灾害造成群死群伤的现象发生。

根据抗震排查性质的不同，可以将农居抗震排查划分为两大类：

第一类：震前排查，也叫农居的安全隐患排查。主要是指震前房屋安全情况的检查，目的是使房屋的安全性得到保障，同时也是对居民居住安全的保证。为了防止房屋使用阶段过于脆弱，在地震突发时快速倒塌破坏，应对房屋进行震前的安全排查。

第二类：震后排查。震后排查的主要目的有：①排除震后房屋带来的潜在危险，便于及时撤离危险房屋，避免余震或房屋构件突然坍塌带来的二次伤害；②排查震后房屋的破坏程度，以便及时对房屋进行修补、加固和拆除。对于可以继续使用的，及时确认，避免过多的人员露宿；③通过震后房屋破坏程度分析，总结破坏原因和破坏特点，以便日后弥补房屋抗震缺陷，提高房屋加固技术。

5.2 农居抗震排查的基本要求

（1）做好排查前的培训工作。组织专家统一对排查人员和工作人员进行抗震隐患排查业务培训，制定合理、有效、全面反应农居实际情况的排查表格。

（2）排查人员要公平公正。在排查过程中，要如实、全面地反映农居房屋的实际使用情况。

（3）认真做好排查结果的总结工作，对排查结果的处理情况存在的问题提出合理的整改措施。

5.3 农居抗震排查的基本流程

农居抗震排查需要专业的技术人员和制定合理的排查流程，以便能够及时、快速、准确、高效地完成排查工作。其基本流程大致为：

（1）抗震排查任务的下达。

（2）确定排查项目负责人。

（3）项目负责人对排查项目进行前期预判，包括农居的建设年代、体量、结构类型等进行初步的判断，来确定任务量的大小。

（4）根据排查项目的大小，确定项目组成员，项目组成员应包括有经验的检测人员、鉴定人员以及鉴定助理等组成。

（5）项目组成员确定后，进行抗震排查培训，内容应包括排查方法、排查进度、排查表格的制定以及人身安全等内容。

（6）进行现场排查，将排查后的结果进行分类，一般分为三类。

第一类，是可以现场确定的排查结果：房屋安全，无质量问题，可以继续使用。

第二类，也是现场可以确定的排查结果：房屋严重破坏或存在严重的安全隐患，不能继续使用，需要进行抗震加固或重新建设。

第三类，是现场很难确定的排查结果：需要鉴定来进一步确定，接下来走鉴定流程。

以上的农居抗震排查流程如图 5-1 所示。

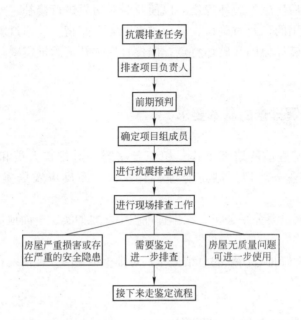

图 5-1　农居抗震排查流程图

5.4　农居排查受损情况评级

一般房屋的排查结果分为安全、需要再次鉴定并加固、不安全三种情况。对于确定安全的房屋不需要再次鉴定即可继续使用，对于不能确定房屋安全程度的房屋，需要对房屋进行定量的安全鉴定之后再做出处理建议，而确定不安全的房屋需要及时拆除，必要时需要重建。在进行房屋排查后，排查人员会针对房屋的受损级别（安全、需鉴定后加固使用、不安全）使用不同的颜色贴上相应的标签（可使用、需加固限制使用、危险）进行区分，如图 5-2 所示，便于给住户和其他人提供一个房屋安全程度的标记，避免房屋的安全隐患给人们带来伤害。

参考《农村危险房屋鉴定技术指导》，同时为了方便、快速地对农居进行受损情况判定，及时做出决策，本书将农居的受损情况评级进行简化。在此将农居的受损程度评级分为三级，分别是 A 级、B 级和 C 级。其中，A 级为一般损坏；B 级为严重损坏；C 级为倒塌 50％以上或严重整体倾斜。房屋排查受损定级的标准为以下三级。

1. A 级（一般损坏）

（1）地基基础：地基基础基本保持稳定，无明显不均匀沉降的现象。

图 5-2 房屋受损级别标签

(a)可使用；(b)须加固限制使用；(c)危险

（2）墙体：承重墙体基本完好，无明显受力裂缝或变形；非承重墙体有个别的明显裂缝，但经修复后即可继续工作；墙体转角处和纵、横墙交接处无松动、脱闪现象。

（3）梁、柱：梁、柱有轻微裂缝但不影响继续承载；梁、柱节点无破损、无裂缝。

（4）楼、屋盖：楼、屋盖有轻微裂缝，但无明显变形；无漏水、渗水的现象；板与墙、梁搭接处有松动和轻微裂缝；屋架无倾斜，屋架与柱连接处无明显位移。

（5）次要构件：非承重墙体、出屋面楼梯间墙体等有轻微裂缝；抹灰层等饰面层可有裂缝或局部散落；个别构件处于危险状态。

2. B级(严重损坏)

（1）地基基础：地基基础尚保持稳定，基础出现少量损坏。

（2）墙体：承重的墙体多数轻微裂缝或部分非承重墙墙体明显开裂，部分承重墙体明显位移和歪闪；非承重墙体普遍明显裂缝；部分山墙转角处和纵、横墙交接处有明显松动、脱闪现象。

（3）梁、柱：梁、柱出现裂缝，但未达到承载能力极限状态；个别梁柱节点破损和开裂明显。

（4）楼、屋盖：楼、屋盖显著开裂；楼、屋盖板与墙、梁搭接处有松动和明显裂缝，个别屋面板塌落。

3．C 级（倒塌 50％以上或严重整体倾斜）

（1）地基基础：地基基本失去稳定，基础出现局部或整体坍塌。

（2）墙体：承重墙有明显歪闪、局部酥碎或倒塌；墙角处和纵、横墙交接处普遍松动和开裂；非承重墙、女儿墙局部倒塌或严重开裂。

（3）梁、柱：梁、柱节点破坏严重；梁、柱普遍开裂；梁、柱有明显变形和位移；部分柱基座滑移严重，有歪闪和局部倒塌。

（4）楼、屋盖：楼、屋盖板普遍开裂，且部分严重开裂；楼、屋盖板与墙、梁搭接处有松动和严重裂缝，部分屋面板塌落；屋架歪闪，部分屋盖塌落。

5.5　农居抗震排查结果的基本判定

排查时可以采用查看施工图纸和现场检测相结合的手段进行。在对农居相关资料和使用状况进行调查的基础上，现场检查农居现状与原始资料及相关规范符合程度、施工质量和使用维护状况、建筑结构特点、结构布置、构造和抗震能力等因素，对建筑物整体抗震性能做出评价。可以分为以下三种情况。

（1）对实际现状与相关资料规范相符，施工质量符合设计要求，结构、构造均达到抗震标准，使用维护状况良好的农居住宅，属于安全无隐患住宅。

（2）对施工质量、主体结构均达到抗震要求，但使用维护不当，存在非主体结构性缺陷的建筑物，无需进行抗震鉴定，但要提醒住户应对房屋进行维修维护，之后便可正常进行使用。

（3）现场农居抗震安全排查存在以下情形之一时，可直接判定该农居须进行抗震鉴定：

1）农居结构体系存在严重缺陷；

2）农居主体结构曾经遭受灾害且结构受损较严重或已明显老化；

3）施工质量存在严重缺陷；

4）在使用过程中有较为重大的擅自拆改建等情况，且分析表明对抗震不利；

5）其他对抗震不利的情况。

5.6 农居震前使用阶段的排查

所谓农居的震前排查是指对农居正常使用的房屋进行安全隐患的排查，也叫房屋的安全隐患排查。其实是对农居的抗震性能的普查，看看有多少农居基本符合构造要求，不需要加固的可以先筛选统计一下，有多少房子需要进行抗震加固，有多少房子需要拆的，对于需要拆除的农居，基本就不必要再做抗震鉴定了。

农居的震前排查能够帮助农民自查房屋，对可能的危险有所预警，然后把排查的最终结果提交给主管部门（如市主管部门或区主管部门）。农居排查的同时还涉及一个民生问题，对于需要抗震加固和重建的农居，这些农民需要搬迁，需要新的临时住所，所以说排查标准有时不好制定。如果排查标准制定的不科学，那么排查结果就无法客观地反映实际，也不能把农居的实际情况展现出来，从而导致所制定的排查报告也不真实。所以，对于排查结果只能作为参考依据，并不能作为实际的房屋安全实用性能的完全依据。

农居排查表格中应包括：户主名称及地址、电话、委托日期等内容。房屋概括应包括居住用途、建造年代、房屋间数、结构类型等内容。如北京农居用户大部分是平房，而平房又分为正房、厢房、耳房等，农民入住的时候不是按户入住，而是按房间数来定，一户人家有可能是十间或二十间房子，有多少房间数就有多少结构单体，所谓结构单体就是一个独立的建筑。农居自建房一般都比较脆弱，经过长时间的使用，房屋可能产生很多问题：如墙体裂缝、地面塌陷、墙体歪闪、墙体塌陷、墙体酥碱等问题。因为要对农居进行排查，就要对居民的安全进行全方位的排查，不但对房屋自身的安全进行排查，还要对它周边环境进行考虑，同时，也要考虑房屋是否建在采矿区，如果原来是煤矿或者铁矿，底下已经被挖空了，我们的农居若建在底下是孔洞的上面，就是说地表略微有震动就有可能产生塌方。

在短时间内，主管部门想对某地所有农居房屋的安全隐患有个初步了解，那只有采用抗震排查才能解决这样的问题，这就需要一个科学、快速、有效的排查表格，如表5-1所示。

房屋安全隐患排查表　　　　　　　　　　表 5-1

一、委托单位/个人概况			
户主名称		电　话	
房屋地址		排查日期	

二、房屋概况					
房屋用途		建造年份		结构类别	
房屋面积或间数					

三、房屋安全排查目的：

四、排查情况
墙体裂缝：□无 □轻微 □一般 □严重　　屋顶漏水：□有 □无
地面塌陷：□无 □轻微 □一般 □严重　　墙体歪闪：□有 □无
墙体塌陷：□无 □轻微 □一般 □严重　　房周有边坡落石现象：□有 □无
墙体酥碱：□无 □轻微 □一般 □严重　　房周边排水沟水渗透：□有 □无
其他：

五、排查结论

六、处理建议：

七、排查单位签章

排查人：　　　　　审核人：　　　　　批准人：

排查日期：　　年　月　日

5.7　农居震后排查

　　震后排查是指对某发生地震或者有强烈震感的地区进行初步的房屋安全检

查,目的是为了保障震后房屋和人的安全。有安全保证的房屋震后应让受灾人群及时入住,需要加固的房屋应及时地采取合理的措施,危险的房屋应及时拆除。排查人员通常需要携带裂缝对比尺测量灾后墙体裂缝的宽度,对比尺如图 5-3 所示,测量方法如图 5-4 所示。

图 5-3　裂缝对比尺

由于震后排查的工作环境比较艰苦,没有合适的工作台可供现场填写内容,填写的质量度很难保证,通常在排查之前我们应先了解当地的情况制作合适的表格,然后到现场直接对表格进行打勾,简化现场填写内容,容易看懂,识别起来也容易。由于农村住宅不像城镇那样规则,也没有固定的街道和门牌号,一般对农居进行基本情况排查时只需要标记社区、组和住户姓名就可以了。

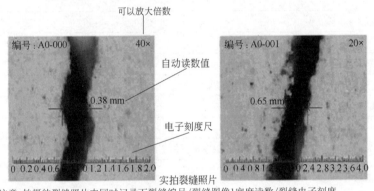

注意:拍摄的裂缝照片中同时记录下裂缝编号/裂缝图像1宽度读数/裂缝电子刻度标尺等信息,方便用户生成检测报告。

图 5-4　墙体裂缝宽度测量图

由于各地建房的差异性,农居震后排查的形式、内容等也有所不同,农居震后排查的主要内容有:房屋受损情况、损坏的房屋面积、层数或间数等,下面结合四川省雅安芦山"4·20"地震为例,说明一下震后排查所涉及的相关排查内容和排查表格的制定。

根据农居不同的结构形式,检查项目主要有:

(1)承重构件。如砌体结构的承重墙、框架结构的框架柱、木结构中的木柱。对于混杂结构应根据具体的情况来定。

(2)水平承重构件。如框架结构的框架梁、木结构的梁或者木屋架以及楼、屋面板等。

（3）非承重墙。主要包括隔墙、填充墙以及围护墙等。

（4）一些附属构件。如烟囱、女儿墙或者其他附属构件。有些房屋可能没有这些附属构件，排查时应根据具体的实际情况填表记录。

每项的评级都有它的评级标准，对于农居的排查，因为地方没有一个统一的震后评级标准，所以，在制定评级标准时，评级标准除了应符合国家相关政策、标准外，还应结合乡镇的实际情况，应因地制宜地制定合理的评级标准。农居排查时一定要客观实际，排查结果要能真实反应现场的实际情况，这就要求排查人员要有一定的技术经验，整个排查工作要做到老百姓信服、主管部门满意（表 5-2）。

震后农居受损情况排查表　　　　　　　　　　表 5-2

_____（镇）_____社区_____组

姓名			
房屋	结构形式：○砖混　○砖木 　　　　○木结构○底框 　　　　○框架　○混杂	面积：____平方米 间数：____间	层数：
受损情况：			

检查项目			分项评级		
○承重墙	○框架柱	○木柱	○A	○B	○C
○楼、屋面板	○框架梁	○梁和屋架	○A	○B	○C
○隔墙	○填充墙	○围护墙	○A	○B	○C
○烟囱	○女儿墙	○其他	○A	○B	○C

注：A 为一般损坏　B 为严重损坏　C 为倒塌 50％以上或严重整体倾斜

结构其他缺陷：○无（未发现）
　　　　　　　○有_____
　　其他备注：_____

受损房屋（等级）	○一般损坏　　　○严重损坏　　　○倒塌
严重损坏房屋农户拆除重建意愿	

乡镇（签字盖章）：　　　　　　　　　　　农户（签字）：

工作组成员（签字）：

评估日期：　　年　月　日

注：严重损坏房屋农户拆除重建意愿填愿意、不愿意（建设地点按统一规划）

5.8　农居排查实例与方法

四川省芦山县"4·20"地震后房屋的震损情况较为严重，相关部门进行了大量的排查工作。在排查过程中遇到的结构形式较多，有木结构、砖混结构、混凝土结构等，当地农村砖混结构较多，农民自建房基本都是非抗震设计，在地震中损坏情况较为严重。下面将排查的过程介绍如下。

芦山县先锋社区姜维路位于芦山县县城城南，为城乡结合部，农居多为自建房，在"4·20"地震中受到损坏，以下是芦山县先锋社区姜维路的排查情况（图 5-5）。

图 5-5　芦山县先锋社区姜维路

在姜维路共排查 22 户，姜维路民房均为自建楼房，在排查过程中了解到，仅一户居民楼房进行了抗震设计，其余楼房均为居民自建，无正规施工图纸。在排查的过程中，根据房屋的破损情况我们对房屋的损坏情况进行分级。根据住户居民住房实际的震损情况填写上述排查表，如表 5-2 所示，排查表在填写完成后居民签字认可，以便后期对房屋进行维修加固时有可靠的依据。我们对芦山地震现场进行了排查，抽取其中两户的排查情况进行介绍，情况如下。

第一住户的房屋为二层砖混结构的楼房，为住户自行设计建造，在建造过程中未设置圈梁、构造柱，楼、屋面板为混凝土预制圆孔板。该住户在震后使用水泥砂浆对墙面层进行了修补，但未进行加固，排查过程中对该房屋的承重墙体、非承重墙体及楼、屋面板进行现场检查，通过与该楼房房主了解情况，该房屋仅个别墙体开裂，地震中预制板之间的空隙有开裂现象。根据现场实际情况，将承重墙体和非承重墙体评级为 A 级，楼、屋面板的评级为 B 级，该房屋整体评级为 B 级。以下是该住户房屋损坏情况，如图 5-6 所示。

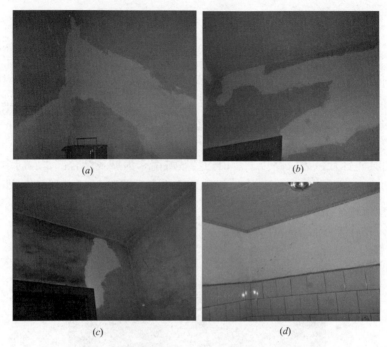

图 5-6　开裂的承重墙

(*a*)墙角裂缝；(*b*)墙体开洞裂缝；(*c*)门窗上墙体斜裂缝；(*d*)板下墙体斜裂缝

　　第二住户的房屋为二层砖混结构，该住户自行设计，未设置圈梁、构造柱、楼、屋面为预制混凝土空心板。通过排查发现，该房屋承重墙体开裂情况较为严重，大部分墙体出现 X 形裂缝、45°斜裂缝，墙面抹灰脱落现象严重，通过脱落墙面抹灰观察，该房屋砌筑质量较差，并且有瞎缝、通缝。砂浆强度很低，用手即可捻碎。承重墙体开裂较多，填充墙与承重墙体无拉结，震后损害较为严重，故将承重墙体与非承重墙体评级为 B 级。屋面板预制板间的缝隙明显开裂，故评级为 B 级。整体结构评级为 B 级。以下是该住户房屋损坏情况，如图 5-7、图 5-8 所示。

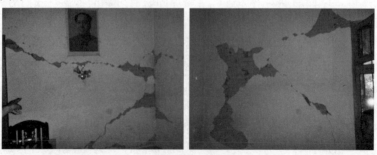

图 5-7　开裂的承重墙

图 5-8 开裂的非承重墙

通过现场实际考察情况的介绍，总结此次地震排查的一些经验和方法，让读者了解排查的过程和排查内容，以便读者自行进行房屋排查。

5.8.1 生土结构

该种类型建筑在当地较少，此次排查并未遇到该类建筑，故在此不对该种结构类型建筑的排查进行详述。

5.8.2 木结构

木结构在四川当地应用较多，由于木结构自身重量较轻，在地震时地震作用较小，即使发生地震，也往往是填充墙与木结构连接的破坏、屋顶的瓦脱落等，合理的木结构房屋在震后破坏情况较少。

如图 5-9 所示，可以评级为 A 级，为轻微损害或不损坏。该建筑在震后未发现明显的损坏，虽然年代久远，但木柱、梁、屋架等均未受到损坏，故将该建筑评级为 A 级。

图 5-9 震后未损坏的木结构

如图 5-10 所示，可以评级为 B 级，为严重损坏。虽然墙体有开裂现象，但是柱、梁、屋架仍然完好，并没有倒塌的危险，所以将此类型的木结构评级为 B 级。

图 5-10　震后填充墙损坏的木结构

如图 5-11 所示，可以评级为 C 级，为基本倒塌结构。柱子倒塌，屋架损坏严重，所以将此类型的木结构评级为 C 级。

图 5-11　震后严重损坏的木结构

5.8.3　砌体结构

砌体结构属于刚性建筑，地震作用较大，在地震过程中没有经过抗震设计的砌体结构破坏较为严重。砖混结构具有砌体结构的诸多特点，是目前农居中最常见、应用最广的一种结构形式，也是此次地震排查中遇到的最多的房屋形式。如图 5-12 所示，砌体结构承重墙体可以评级为 A 级，墙体无裂缝或出现轻微裂缝。

如图 5-13 所示，砌体结构承重墙体可以评级为 B 级，此类裂缝开裂较长，缝宽较宽，此类裂缝的出现会使墙体基本丧失抵抗水平作用的能力，竖向传力路径也会改变，所以将出现这样裂缝的墙体评级为 B 级，即重损坏的墙体。

图 5-12　轻微损坏的承重墙体

(a)轻微损坏的承重墙体 1；(b)轻微损坏的承重墙体 2；(c)轻微损坏的承重墙体 3；(d)轻微损坏的承重墙体 4

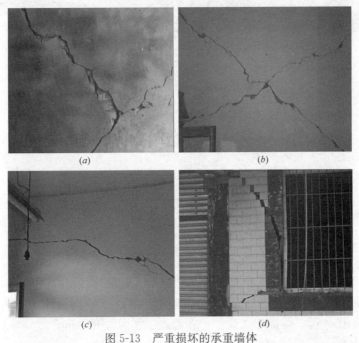

图 5-13　严重损坏的承重墙体

(a)严重损坏的承重墙体 1；(b)严重损坏的承重墙体 2；(c)严重损坏的承重墙体 3；(d)严重损坏的承重墙体 4

如图 5-14 所示，砌体结构承重墙体可以评级为 C 级。出现此类裂缝，墙体有随时倒塌的危险，所以在排查中仍将此类建筑评级为 C 级，倒塌建筑也评为 C 级。

图 5-14　震后严重损坏的承重墙

(*a*)震后严重损坏的承重墙 1；(*b*)震后严重损坏的承重墙 2；
(*c*)震后严重损坏的承重墙 3；(*d*)震后严重损坏的承重墙 4

非承重墙体、屋顶女儿墙、烟囱等的评级可以参照承重墙体的破损程度进行分级，同样是分为轻微损坏、严重损坏、倒塌。

5.8.4　石结构

一些地区就地取材建造了石结构房屋。下面就芦山地震中遇到石结构排查进行经验总结，石结构由于块材强度较大，砌筑砂浆强度较低，石结构房屋的破坏形式大都是沿着灰缝破坏。

图 5-15 所示，为芦山县双石镇粮库石结构库房，该结构为弧形屋顶，在芦山地震后对该结构进行排查发现，石结构墙体仅出现极少数裂缝，如图 5-16 所示。

整个粮库仅出现一条沿灰缝破坏斜裂缝，故将该结构墙体评级为 A 级。由于该建筑年代久远，屋面年久失修，在地震中屋面瓦有脱落，故将该结构的屋面评级评为 B 级，该房屋整体评级评为 B 级，为严重损坏。

图 5-15 芦山县双石镇粮库石结构库房

图 5-16 震后轻微开裂的石结构墙体

第6章 既有农居修复与加固技术

6.1 概述

农居具有单体规模小、就地取材、造价低廉等特点，一般没有正规设计和抗震措施。由于农居长期暴露在外界不同的环境条件下，在使用阶段，难免会出现一些削弱房屋结构承载能力和抗震能力的缺陷。及时弥补使用阶段房屋结构的缺陷，对提高结构抗震性能和预防震害都具有很重要的意义。对于遭受地震作用的房屋，震灾过后，及时修复加固房屋是震后工作的重中之重。因此，修复加固或重建工作成为抗震排查鉴定之后的工作重点。对于有修复、加固价值的农居进行加固补强，可快速解决灾民短期安置和救灾重建等问题，减轻农民生活和经济负担，减轻政府和相关部门紧急救灾的压力。

需要进行修复与加固的房屋一般是指在地震中的破坏程度为轻微破坏与中等破坏的房屋。农居在地震中的破坏形态往往与房屋的结构体系和局部构造的薄弱有很大的关系，震后修复与加固工作主要是针对主体构件的破坏形态和房屋存在的薄弱部位进行修复加固，提高房屋的整体性和抗震承载能力。

在地震作用下，农居的破坏形式主要有：不同形态和程度的墙体裂缝或酥碎、墙体外闪、局部或整体的墙体倒塌；屋盖系统的破坏，如溜瓦、檩条脱落、屋架失稳等；木构架整体失稳变形，榫卯连接处脱榫、折榫；承重木柱柱脚移位，柱劈裂、折断；吊顶开裂等。

农居的修复与加固应充分利用现有条件，节约资源、降低造价。需要拆除的震损房屋的建筑材料，基本完好的，清理干净后可继续用于重建；倒塌的生土墙体可将土料打碎后还田，也可用于制作土坯或用作夯土墙土料。修复和加固所用材料的强度等级应适当提高要求，至少不低于原房屋的材料强度等级。

6.2 农居修复与加固标准

对于地震作用下农居的破坏情况，满足下述条件时可对农居进行加固，当地震造成的破坏现象超过下述条件时，房屋应属于危房，没有加固的价值了，这时必须及时拆除房屋，以免影响人身安全，必要时可以重新修建房屋。

（1）生土结构

生土结构房屋震后破坏一般都比较严重，没有加固的价值，震害后建议直接拆除，本章不再研究。

（2）木结构

木结构房屋属于以下破坏情况时，可进行房屋整体或局部的修复与加固，继续使用房屋。

1）木构架的倾斜不超过 10°；

2）木构架房屋只有一个端开间的屋面塌落；

3）少数纵横墙连接处出现通长的竖向裂缝；

4）实心砌体围护墙的大多数裂缝宽度不大于 10mm；空心砌体和小砌块围护墙的大多数裂缝宽度不大于 6mm；

5）实心砌体围护墙的竖向错动幅值不大于 20mm，且水平宽度不大于 10mm；

6）空心砌体和小砌块围护墙的裂缝竖向错动幅值不大于 12mm，且水平宽度不大于 6mm。

（3）砌体结构

1）少数纵横墙连接处出现通长的竖向裂缝；

2）对于砖砌实心墙体承重房屋，大多数墙体裂缝宽度不大于 5mm；

3）对于砖砌实心墙体裂缝竖向错动幅值不大于 15mm，且水平宽度不大于 5mm；

4）对于砖砌空斗墙体和小砌块墙体承重房屋，大多数墙体裂缝宽度不大于 3mm；

5）对于砖砌空斗墙体和小砌块墙体裂缝竖向错动幅值不大于 8mm，且水平宽度不大于 3mm。

（4）石结构

1）少数纵横墙连接处出现通长的竖向裂缝；

2）大多数墙体裂缝宽度不大于 5mm；

3）墙体裂缝竖向错动幅值不大于 15mm，且水平宽度不大于 5mm；

4）木屋盖系统中个别构件连接节点榫卯拔出；

5）个别檩条、椽子塌落。

6.3 农居修复与加固方法

6.3.1 生土结构

生土房屋的材料属于脆性材料并且强度低，生土结构房屋容易在地震作用下破坏且破坏后一般会出现歪闪、酥碎、局部倒塌等情况，修复加固比较麻烦，造价高，没有加固的价值，所以，本书不对生土结构房屋修复加固做阐述。

由于生土结构抗震性能比较薄弱，一般情况下，新建农居不建议建造生土结构房屋。但是，有些地区经济条件落后或者受当地环境和习惯的影响，居民喜欢因地制宜、就地取材、节省建造成本而建造生土结构的房屋。为了保证生土房屋的质量，使生土房屋有一个较好的抗震能力，避免地震时生土房屋倒塌致使人员伤亡惨重，一般在建造生土结构的房屋时，应遵循以下原则：

（1）由于生土结构房屋抗震性能差，因此，生土结构的房屋建议建造单层住宅。

（2）为了减轻上部结构传递给承重墙体的重量，生土结构的屋面应采用轻质材料，并在支撑屋面构件的部位设置垫板，以免应力集中使生土墙局部压碎。生土结构的屋面一般建造成双坡或者拱形，以降低山墙高度。

（3）生土结构房屋的地基应夯实，采用毛石、片石、凿开的卵石或普通砖为基础，基础墙应采用混合砂浆或水泥砂浆。生土结构要重视防潮层的设置，因为生土承重墙不宜在潮湿的环境下工作，一旦墙体受潮，生土墙体容易酥碎坍塌。

（4）对于土窑洞房屋，应保证窑洞四周的土体一致，对于土拱房房屋，应保证拱脚的可靠性，以防止拱脚移动导致房屋整体塌落。

6.3.2　木结构

木结构房屋的震害特征主要有木构架倾斜或散架、梁柱折榫断裂、围护墙体产生裂缝或外闪、倾斜和倒塌。震后木结构房屋主要是修复木构架整体倾斜、围护墙体裂缝、木构架与围护墙体的拉结、木屋盖的加固等，使木构架、墙体和木屋盖共同工作抵抗地震作用。木结构房屋加固的原则是承载均衡、各部分协同工作。

1. 木构架的加固

木构架是木结构房屋的主体结构，它直接影响木结构房屋的抗震能力，其主要的修复和加固方法有以下几点：

（1）木柱

当木柱出现不严重影响承载力的裂缝时，可采用扁铁箍加固或铁丝绑扎来加固，一方面控制了裂缝的发展，另一方面提高了木柱、木梁的承载能力。

当木柱柱脚腐朽或断裂时，应更换柱脚并采用铁套箍等锚固措施，也可增设钢筋混凝土墩、石墩或砖墩连接木柱。

（2）梁柱节点

梁柱节点的强弱是影响木构架稳定的最重要的因素之一，保证梁柱节点的可靠连接是木构架正常工作的必要条件之一。木柱木梁节点加固可用扒钉（适合 6、7 度区）或钢夹板（适合 8、9 度区）进行加固，最简单的加固方法就是直接采用双夹板角撑加固。梁柱节点也可以采用增设扁钢-附木的方式进行加固，其加固如图 6-1、图 6-2 所示。

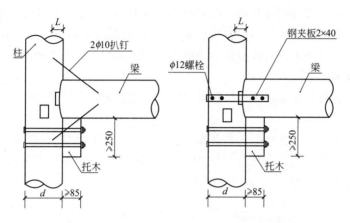

图 6-1　木柱（边柱）木梁节点加固

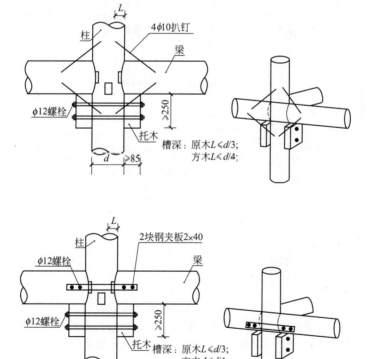

图 6-2　木柱（中间柱）木梁节点加固

随着纤维复合材料的广泛研究与发展，采用 FRP 材料加固木结构房屋具有很多优点，如外观影响小、耐久性好、对木构件的削弱小等。常用的纤维复合材料有碳纤维布、玻璃纤维布和玄武岩纤维布。其中，玄武岩纤维布相对另两种纤维布来说价格低廉，更适用于农居加固，但其总体加固造价还是偏高，一般农村加固很少采用纤维布。具体加固方法请参考相关资料，本书不再赘述。

2. 屋架的加固

(1) 当屋架上屋面材料的自重较重时，可考虑用轻质保温隔热材料替代，以减轻屋架的竖向承载。

(2) 木排架尽可能使用三支点或多支点立柱，沿房屋纵横向，在木柱与梁之间、木柱与屋架之间、木柱与龙骨(檩条)之间增设木(或铁件)斜支撑，并用对穿螺栓连接牢固，如图 6-3、图 6-4 所示。

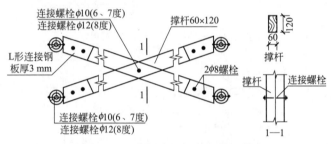

图 6-3　三角形木屋架竖向剪刀撑

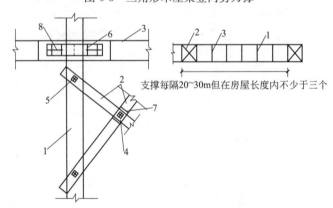

图 6-4　纵向柱之间的剪刀型支撑

1—木柱；2—支撑；3—水平系杆；4—φ12 螺栓；5—φ16 螺栓；6—4φ12 螺栓；7—垫块；8—2-500×40 扁铁

(3) 对松动的木构架节点，可采用加设扒钉或扁铁加固连接方法，如图 6-5 所示。

(4) 当檩条(龙骨)在木梁或屋架上弦为搭接时，宜先将两檩条(龙骨)采用扒钉连接，再采用 8 号铁丝将檩条(龙骨)与木梁或屋顶绑扎牢固。如图 6-6(a)所

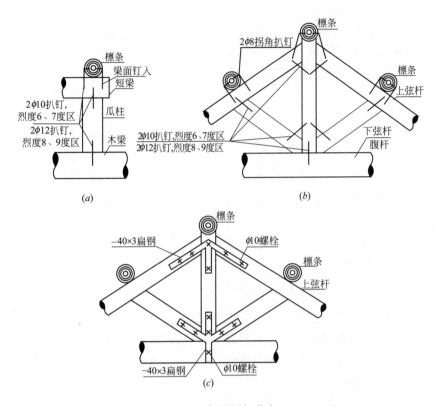

图 6-5 加固屋架节点

(a)扒钉加固瓜柱与木梁节点；(b)扒钉加固三角形木屋架；(c) 扁钢加固三角形木屋架

示；当檩条(龙骨)在木梁或屋架上弦为对接时，应采用木夹板(或扁铁)与螺栓将檩条(龙骨)的端部连接牢固，如图 6-6(b)所示；当为燕尾榫对接时，也可以采用扒钉将两檩条(龙骨)的端部钉牢，如图 6-6(c)所示。

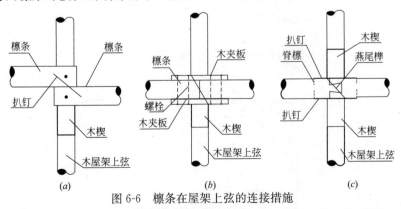

图 6-6 檩条在屋架上弦的连接措施

(a)檩条在屋架上弦搭接做法；(b)檩条在屋架上弦对接做法；(c)檩条在屋架上弦燕尾榫对接做法

3. 连接处的加固

（1）木柱是木构架的主要承重构件，木柱与柱基的连接不但影响木构架的稳定，还影响着木材所处的环境，一般木柱与地面会有一定的距离，以免木柱被腐蚀。木柱与柱基的节点构造如图 6-7 所示。

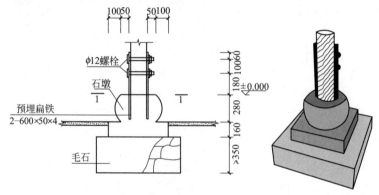

图 6-7　木柱与柱基的加固连接

（2）木柱与木屋架之间的连接可靠度对木结构整体稳定性起关键性的作用。如果连接不牢，地震作用下，木屋架容易下滑倒塌，因此必须保证木柱与木屋架之间的可靠连接。穿斗木构架和三角形木屋架应在柱顶节点处增设斜撑或者剪刀撑来加固节点，如图 6-8 所示。

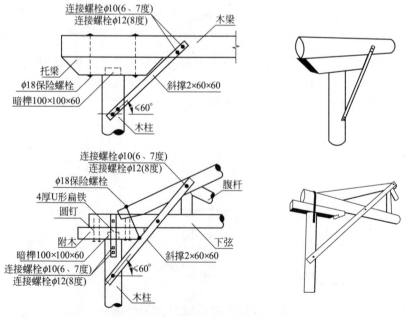

图 6-8　木柱木梁（屋架）的加固连接

（3）当采用钢丝网或外加配筋砂浆带加固墙体时，应将钢丝网或配筋砂浆带中的钢丝（或钢筋）与木梁或木屋架的两端拉结牢固；否则，木梁或木屋架两端宜采用 $\phi6$ 钢筋或 8 号铁丝与墙体 1/2 高度处的埋墙铁件拉结牢固。采取这项措施是为了避免风暴将木屋盖掀翻或刮走。

（4）震后围护墙可根据受损程度选择合适的加固方法：

1）开裂墙体可采用灌浆填缝、拆砌或用砂浆面层等方法修复加固。

2）破坏严重的围护墙应拆除重砌或改用轻质隔墙。

3）墙体外闪时应增设扶墙垛，对于较高的山墙，应按抗震构造措施增设墙揽。

（5）围护墙与木构架间松动、脱开时，可采用加设墙揽等方式加强两者之间的连接。加强围护墙与木柱的整体性连接的具体做法如图 6-9 所示。

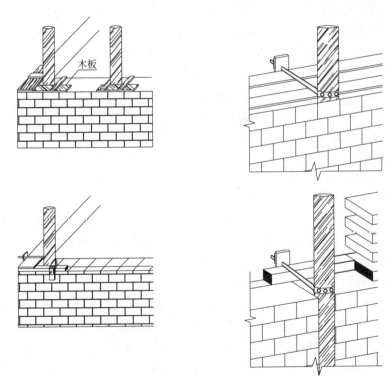

图 6-9 木柱与围护墙的连接

4. 一般建造原则

木结构房屋在建造时，一般应遵循以下原则：

（1）木构架房屋不应采用木柱、砖柱和砖墙等混合承重，围护墙与木构架之间应有可靠的连接，且不得采用硬山搁檩。

（2）在抗震设防烈度为 6～8 度时，木柱木构架和穿斗式木构架房屋不宜超过 6m（两层）；在抗震设防烈度为 9 度时，不宜超过 3.3m（一层）。木梁木构架不宜超过 3m（一层）。

（3）木结构房屋的斜撑和屋盖支撑结构均应采用螺栓与主体构件相连接，除穿斗木构件外，其他木构件宜采用螺栓连接。

（4）椽与檩的搭接处应满钉以增强屋盖的整体性。木构架中，宜在柱檐口以上沿房屋纵向设置竖向剪刀撑等措施，以增强纵向稳定性。

6.3.3 砌体结构和石结构

砖砌体结构农居可以分为砖木结构和砖混结构，主要的区别在于屋盖。砖木结构的屋盖为木屋盖，砖混结构的屋盖为混凝土屋盖（一般为预制板屋盖）。砖砌体结构农居具有就地取材、造价低、使用寿命长等优点。

由于农居自建房的取材、建造技术、使用情况等方面的原因，不同的砌体结构和石结构农居在地震中受灾表现差异性较大，主要破坏特点有：

① 底框结构的房屋破坏与倒塌情况较为严重；

② 采用预制楼板的房屋破坏较为严重；

③ 砖砌体结构砂浆强度不足、灰缝不饱满容易被破坏；

④ 空斗墙体的房屋容易被破坏或倒塌；

⑤缺乏抗震构造措施或构造不合理的房屋容易被破坏甚至倒塌。

1. 墙体的修复与加固

砌体结构房屋的墙体出现裂缝或其他不满足抗震要求时，可采取下列修复与加固措施：

（1）拆墙重砌或增设抗侧力墙体。对严重开裂、外闪或强度过低的原墙体可拆除重砌（砌筑时按原砂浆强度提高一级且不低于 M2.5 整砖砌筑墙厚不小于 190mm 的墙体）；对抗震要求较高的房屋，可增设横墙，但墙顶应设与墙同宽的钢筋混凝土压顶并与楼、屋板进行牢固的连接。

（2）灌浆修补。对开裂情况较轻的实心墙体，可采用重力灌浆或压力灌浆修补裂缝，将开裂墙体重新粘合在一起，修补后墙体的抗侧力仍按原砌筑砂浆强度等级计算；对砌筑砂浆饱满度差或砌筑砂浆强度等级偏低的墙体，可用满墙灌浆加固，修补后墙体整体抗震能力增强，并且可按原砌筑砂浆强度提高一级计算；当墙体裂缝较宽时，可在开裂的灰缝中对砂浆进行配筋以修补裂缝，也可直接加入块体嵌补裂缝，若墙体局部裂缝较多，一个个裂缝灌浆比较麻烦时，可采用局部一起修补的方法。如可在局部钢筋网（或钢丝网）外抹水泥砂浆予以加固。钢筋网可用为 $\phi 6@100\sim 300$（双向）或 $\phi 4@100\sim 200$，两边钢筋网用 $\phi 8@300\sim 600$ 或 $\phi 6@200\sim 400$ 的"S"形钢筋拉结。施工前墙体抹灰应刮干净，抹水泥砂浆前应将砌体抹湿，砂浆的强度等级不应低于 M2.5，抹水泥砂浆后应养护至少 7 天。

（3）面层加固。当墙体开裂或抗侧力不满足要求时，可在墙体的一侧或两侧采用水泥砂浆面层、钢丝网水泥砂浆面层加固。其中，钢筋网水泥砂浆面层加固法是将需要加固的砖墙表面除去粉刷层后，单面或双面附设 $4 \sim 6mm@200$ 的钢筋网片（在低烈度区，也可采用钢丝网片 $1 \sim 2mm@200$），然后抹水泥砂浆的加固方法。其提高承载力的程度强于素水泥砂浆面层加固，但不如用钢筋混凝土板墙加固。因为村镇住宅多为低层砌体结构，且原墙体砌筑砂浆强度普遍偏低，采用钢筋网水泥砂浆面层加固基本能满足提高承载力的要求。

具体做法是：首先必须将原有砖墙的面层清除，用钢刷清洗干净，绑扎钢筋网，钢筋网的钢筋直径为 4mm 或 6mm，双面加面层采用 $\phi 6$ 的 S 形穿墙筋连接，间距宜为 900mm，并且呈梅花状布置；单面加面层的采用 $\phi 6$ 的 L 形锚筋以凿洞填 M10 水泥砂浆锚固，孔洞尺寸为 $60mm \times 60mm$，深 $120 \sim 180mm$，锚筋间距 600mm，呈梅花状交错布置。再将原砖墙充分喷湿，再涂界面黏合剂，最后分层抹上 35mm 厚水泥砂浆，砂浆强度应不小于 M10。钢筋网砂浆面层应深入地下，埋深不少于 500mm，地下部分厚度扩大为 $150 \sim 200mm$。空斗墙宜双面配筋加固，锚筋应设在眠砖与斗砖交接灰缝中。

（4）外加配筋砂浆带加固。对于原砌体结构未设置圈梁、构造柱的房屋，房屋整体抗侧力不满足要求时，可采用配筋砂浆带替代圈梁、构造柱。竖向外加配筋砂浆带应与原有圈梁、木梁或屋架下弦连接成整体；当房屋没有设置圈梁时，应同时在屋檐和楼板标高处增设水平外加配筋砂浆带代替圈梁，水平和竖向外加配筋砂浆带应可靠连接。

配筋砂浆带的条带宽度不宜小于 240mm，纵向钢筋间距根据设计要求宜为 $50 \sim 100mm$，架立钢筋间距一般取 $250 \sim 300mm$，外保护层厚度应不小于 20mm。锚固销钉布置成梅花形，且每平方米不少于 6 个。配筋砂浆带厚度单面时不宜小于 60mm，双面时不宜小于 40mm。配筋砂浆带在底部要植入基础内，楼面处要穿越楼板连接，使得加固层形成一个整体而不被分割。

（5）包角或镶边加固。在柱、墙角或门窗洞边用型钢或钢丝网水泥砂浆面层包角或镶边；柱、墙垛还可以用钢丝网水泥砂浆面层套加固。

（6）穿墙钢筋骨架外加钢丝网加固。就石结构房屋而言，石材属于散体材料，石材墙体的抗剪、抗弯、抗拉性能都很差，尤其是大体量和层高稍高的石结构农居，地震作用下石材很可能直接坍塌，缩短人员的逃生时间，破坏性较大。因此，对石结构墙体进行加固时，保证石结构墙体的整体性和抗震延性非常重要。

具体的做法为，首先，根据土壤的性质进行地基加固处理，挤密土壤以提高地基的承载力。地基处理后在其表面打一层混凝土，混凝土达到规定的强度后钉入铆钉以便将锚固环与地基连接可靠，同时应注意锚固环不得倾斜。然后，根据穿墙筋的位置进行打孔（孔洞不得小于 2 倍钢筋直径），清除石墙体表面的泥垢、水锈、粉尘等杂质，在通孔中埋入穿墙筋并用高标号细石混凝土浇捣密实。穿墙筋处混凝土强度达到 70% 以上时，由下而上绑扎钢丝网，将穿墙筋端部进行弯钩处理并与钢丝网节点绑扎在一起，最后，按梅花状打入铆钉固定钢丝网。喷射混凝土到规定厚度，并进行养护即可。其中如图 6-10 所示穿墙钢筋和钢丝网的具体布置图中数字含义如下，1. 原石墙体；2. 钢丝网；3. 节点；4. 拉结钢筋；5. 混凝土；6. 地基；7. 锚固环；8. 钢板。

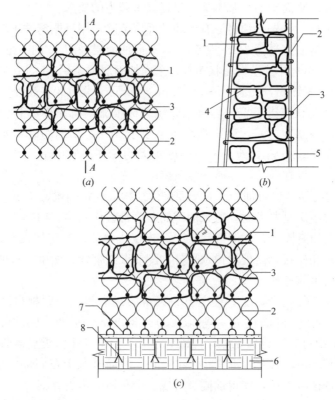

图 6-10　穿墙钢筋和钢丝网加固石墙体

(a)石墙体正面；(b)石墙体侧面(A—A 剖面)；(c)钢丝网与基础的连接

2. 房屋整体性修复与加固

（1）当纵横墙连接较差时，可采用钢拉杆、锚杆或外加圈梁等加固；也可采用外加水平和竖向配筋砂浆带并用钢拉杆将前后墙拉结加固。

（2）当无圈梁或设置不符合评定要求时，应增设圈梁；外墙圈梁可采用外加配筋砂浆带，内墙圈梁可用钢拉杆或在进深梁端加锚杆代替；当墙体采用双层钢丝网砂浆面层加固，且在上下两端增设有加强筋砂浆带时，可不另设圈梁。

（3）当同一房屋纵横墙为不同材料或纵横墙交接处竖向为通缝时，可用 M10

水泥砂浆灌浆修复，并用竖向配筋砂浆带加固；灌浆前应将缝隙中的灰渣、杂尘清理干净。

（4）当预制楼、屋盖不满足抗震评价相关要求时，可增设钢筋混凝土现浇层或增设支托加固楼、屋盖。增设支托可用角钢等型材，设置的位置应垂直于楼、屋盖板的纵向，并紧贴板底锚固在承重墙顶。

3. 其他修复或加固方法

除了上述加固墙体和房屋整体性的方法外，还可以通过其他的方式修复或加固砌体结构和石结构房屋。

（1）改变房屋结构的传力。如下为一种增加外钢框架，使屋面荷载的全部重量由钢框架承担，再由钢框架传至基础的方法。加固钢框架与原房屋的位置关系如图 6-11 所示，图中数字代表含义如下，1. 外加横向钢梁；2. 外加钢柱；3. 外加纵向钢梁；4. 原山墙；5. 原纵墙；6. 原屋架；7. 外加基础；8. U 型箍；9. 斜撑。

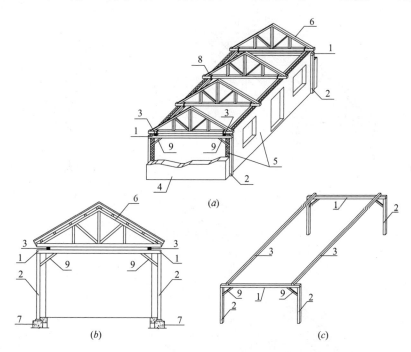

图 6-11 加固钢框架与原房屋的位置关系图

（a）原结构和加固结构图；（b）原结构和加固结构侧立面图；（c）加固钢架结构示意图

具体加固的方法为，首先，根据房屋开间、进深、层高尺寸和屋面形状等基本情况确定外加横向钢梁、外加纵向钢梁及外加钢柱的长度和安装位置，并根据外加钢柱的安装位置预先施工外加基础。其次，在原山墙和原纵墙的四个墙角上部开安装槽，在原山墙开安装槽位置安装外加横向钢梁，在原纵墙开安装槽位置安装外加纵向钢梁，调整外加横向钢梁和外加纵向钢梁的位置，使外加纵向钢梁搭在外加横向钢梁上，并将二者连接，同时将外加纵向钢梁与原屋架固定连接。然后，将外加钢柱安装在外加横向钢梁和外加基础之间，并通过千斤顶将外加钢柱与外加横向钢梁之间，外加横向钢梁和外加纵向钢梁之间，以及外加纵向钢梁和原屋架之间顶紧。最后，将屋面全部荷载交由钢架承担，固定连接外加钢柱与外加横向钢梁，并将外加钢柱底部与外加基础固定连接。

（2）钢架护顶。硬山搁檩是农居砌体结构中常见的现象，硬山搁檩的房屋不利于抗震，山墙外闪很容易造成屋架塌落，危害居民的生命安全。为了在现有硬山搁檩房屋的基础上，增强房屋的抗震能力，我们可以对原有房屋采用钢架护顶的方法增强原有房屋的抗震能力。钢架护顶结构的布置如图 6-12 所示，图中数字代表含义如下，1. 外加横向钢梁；2. 外加钢柱；3. 外加纵向钢梁；4. 原山墙；5. 原纵墙；6. 斜撑；7. 外加基础；8. 原屋顶檩条；9. 斜钢梁；10. V 型槽；11. 横撑；12. 屋架梁。

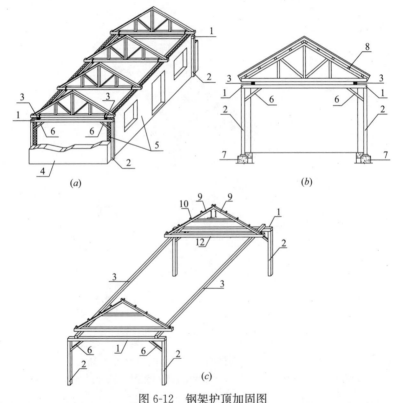

图 6-12　钢架护顶加固图

（a）原结构和加固结构相对位置图；（b）原结构和加固结构的侧立面图；（c）外加加固结构图

　　具体的加固方法为，首先，根据房屋开间、进深、层高尺寸和屋面形状，确定外加横向钢梁、外加纵向钢梁及外加钢柱的长度和安装位置，并根据外加钢柱的安装位置预先施工外加基础。其次，在原山墙和原纵墙的四个墙角上部开安装槽，在原山墙开安装槽的位置安装外加横向钢梁，在原纵墙开安装槽位置安装外加纵向钢梁，并调整外加横向钢梁和外加纵向钢梁的位置，使外加纵向钢梁搭在外加横向钢梁上，并将两者连接。然后，根据已有建筑原屋顶檩条的设置间距，确定 V 型槽在斜钢梁上的设置间距，并按确定好的间距将 V 型槽焊接在斜钢梁上。将两根焊有 V 型槽的斜钢梁分别卡紧原屋顶檩条并将原屋顶檩条和斜钢梁固定连接，两根斜钢梁顶部对接处固定连接，两根斜钢梁的底部与屋架梁固定，形成 A 型加固钢屋架，原屋顶檩条和斜钢梁通过铁丝或钢箍固定。A 型加固钢屋架为平行设置两组或三组，两组时设置在原建筑的两端，三组时，在两端设置的基础上，房屋的中间增设一组。屋架梁搭在外加纵向钢梁，并与之固定连接，在两根斜钢梁和屋架梁形成的 A 型加固钢屋架内间隔设置横撑，横撑两端分别与两根斜钢梁固定连接。最后，通过千斤顶把外加钢柱与 A 型加固钢屋架、A 型加固钢屋架与原屋顶檩条顶紧，直到屋面荷载全部由 A 型加固钢屋架和外加钢柱承担，将外加钢柱与外加基础固定连接。

（3）石结构外加夹板梁及夹板柱加固房屋。目前，石结构房屋大多没有经过正规设计，地震时往往会遭到惨重的破坏。对于农民而言，房屋拆除重建耗费的资金量较大。因此，加强石结构房屋(特别是石结构房屋墙体的整体性)的抗震性能尤为重要。在原石结构的墙体上增加夹板柱、夹板梁结构，并在石结构墙体中间加入拉结钢筋，这对提高石结构房屋的抗震性能具有很好的作用。钢筋布置图如图 6-13 所示，图中数字代表的含义如下，1. 原石结构墙体；2. 夹板柱；3. 夹板梁；4. 纵向钢筋；5. 箍筋；6. 拉结筋；7. 混凝土；8. 锚杆；9. 键洞。

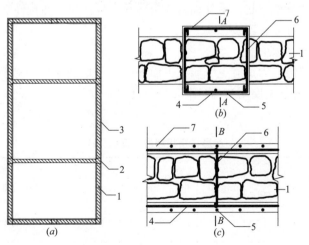

图 6-13 石结构外加夹板梁及夹板柱加固结构图（一）

(a)夹板梁、夹板柱平面图；(b)夹板柱平面图；(c)夹板梁平面图

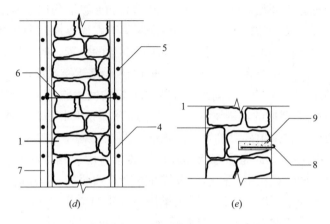

图 6-13　石结构外加夹板梁及夹板柱加固结构图（二）

(*d*)夹板柱剖面图；(*e*)锚杆在墙体中的剖面图

具体的加固方法为，首先，根据夹板柱竖向钢筋位置钉入短钢筋，根据设计要求在原有石结构墙体上凿出键洞及通缝，并做好清底工作。其次，将锚杆插入键洞内固定并用细石混凝土浇捣密实，待键洞内细石混凝土强度达到 70％以上时，绑扎外挂夹板梁及夹板柱的纵向钢筋，并与锚杆进行可靠的连接，同时将夹板柱的纵向钢筋下端与埋入土壤中的短钢筋绑扎牢固。然后绑扎箍筋及拉结筋，使其与纵向钢筋进行有效连接。支夹板梁及夹板柱的模板(沿夹板梁及夹板柱的模板上、下两边方向，用水泥砂浆将模板缝堵实，以保证后续混凝土浇筑时不跑浆、不漏浆)，然后再浇筑混凝土。最后，将墙体两侧的纵向钢筋、箍筋、拉结筋及锚杆整体浇筑在一起，将外加的夹板梁和夹板柱与相邻构件连接，并将夹板柱上部与屋面进行可靠连接。

4. 一般建造原则

对于砌体结构，为了避免纵墙在平面外的水平地震作用下遭到破坏，《建筑抗震设计规范(附条文说明)》（GB 50011)针对砌体结构的抗震横墙间距做了以下规定，如表 6-1 所示。

房屋抗震横墙最大间距(m)　　　　　　表 6-1

墙体类别	最小墙厚(mm)	房屋层数	楼层	烈　　度					
				木楼、屋盖			预应力圆孔板楼、屋盖		
				6、7	8	9	6、7	8	9
实心砖墙 多孔砖墙 小砌块墙	240 240 190	一层	1	11.0	9.0	5.0	15.0	12.0	6.0
		二层	2	11.0	9.0	—	15.0	12.0	—
			1	9.0	7.0	—	11.0	9.0	—

墙体类别	最小墙厚（mm）	房屋层数	楼层	烈　度					
				木楼、屋盖			预应力圆孔板楼、屋盖		
				6、7	8	9	6、7	8	9
多孔砖墙 蒸压砖墙	190 240	一层	1	9.0	7.0	5.0	11.0	9.0	6.0
		二层	2	9.0	7.0	—	11.0	9.0	—
			1	7.0	5.0	—	9.0	7.0	—
空斗墙	240	一层	1	7.0	5.0	—	9.0	7.0	—
		二层	2	7.0	—	—	9.0	—	—
			1	5.0	—	—	7.0	—	—

　　砌体结构房屋的洞口布置应规则、对称，同一片墙体上窗口的大小应尽可能一致，以免墙体刚度差异过大而导致地震作用下墙体发生扭转倾倒破坏。历次震害经验也表明，均匀对称的墙体在地震时的破坏较同条件的墙体轻微。因此，《建筑抗震设计规范（附条文说明）》（GB 50011）也对砌体结构的墙体开洞做了规定，如表 6-2 所示。

房屋的局部尺寸限值（m）　　　　　　　　　　　　　表 6-2

部　　　位	6、7 度	8 度	9 度
承重窗间墙最小宽度	1.0	1.2	1.5
承重外墙尽端至门窗洞边的最小距离	1.0	1.2	1.5
非承重外墙尽端至门窗洞边的最小距离	1.0	1.0	1.0
内墙阳角至门窗洞边的最小距离	1.0	1.5	2.0
无锚固女儿墙（非出口处）的最大高度	0.5	0.5	0.0

　　对于石结构房屋，其抗震性能很差，为了充分利用各地宜于用做建筑材料的石材，建造农居房屋，提高石结构房屋的抗震能力，在农居建造时应当遵循以下基本原则：

　　（1）石房屋的地基应该夯实，以保证上部结构的稳定，一般为砌筑石基础。

　　（2）砂浆直接决定了石材之间的连接强度。确保砂浆的强度，是影响石结构抗震能力最为关键的因素。

　　（3）正确的砌筑方法也是保证墙体抗震的重要因素之一。合理的砌筑方法对于石结构房屋墙体的稳定性具有很重要的影响。

　　（4）石结构房屋的层数和高度越低，结构的稳定性越好。单层石房屋的屋檐高度不宜超过 3.2m，多层石房屋的层高不宜超过 3m，总高度和层数不宜超过表 6-3 中的规定。另外，横墙较少的房屋，总高度应降低 3m，层数也应相应减少一层。

（5）多设横墙，石结构房屋应以横墙承重为主。纵横墙上均应设置钢筋混凝土圈梁。

多层石结构房屋总高度和层数限值　　　　　　　　表 6-3

墙体类型	烈　　　度					
	6		7		8	
	高度(m)	层数	高度(m)	层数	高度(m)	层数
细、半细料石砌体(无垫片)	16	五	13	四	10	三
粗料石及毛料石砌体(有垫片)	13	四	10	三	7	二

（6）楼盖和屋盖宜采用现浇钢筋混凝土板或装配整体式钢筋混凝土板，单层石房屋也可以采用木屋盖，不应采用石板作为水平承重构件。

（7）在多层石房屋外墙四角和内外墙交接处，应设置钢筋混凝土构造柱。

（8）在抗震设防烈度 9 度和 9 度以上地区，不提倡建造石结构房屋。

第7章 新建农居抗震技术

根据农居建筑的破坏调查,可以发现,震后农村房屋损害较重,并且农居一般为村民自建房屋,这种房屋规范性较弱,没有专业的技术支持,使得农村自建房屋抗震性能不一,地震时倒塌严重,为了提高农居建筑的安全性,为农民生活提供更可靠的保证,故在本章中主要介绍一些农居建造的抗震新技术以及一些新材料和施工工艺,便于新建农居中使用,可指导施工人员进行施工,提高农居建筑的安全性。

7.1 常见的农居抗震技术

由于农村房屋多为自建,农民防灾减灾意识薄弱,在建房时没有经过专业设计,通常都是按照当地的传统结构形式或出于经济的考虑对房屋的使用功能和需求自行设计的,而农民和农村工匠对抗震措施只略有了解甚至不了解,使得农居建筑的施工不利于抗震,并且大量民房在建筑材料、结构形式、传统习惯等方面存在问题,导致房屋缺乏抗震措施,抗震能力较差,故而首先提出新建建筑中通常使用的抗震措施,供农民建房时进行参考。

7.1.1 圈梁、构造柱

构造柱和圈梁是房屋结构非常重要的抗震构造措施。构造柱的主要作用是在墙体开裂后能够约束墙体,防止其破碎倒塌。而圈梁除了和钢筋混凝土构造柱对墙体及房屋产生约束外,还可以加强纵、横墙的连接,箍住楼屋盖,增强其整体性,并可增强墙体的稳定性,如图7-1所示。

图7-1 圈梁、构造柱

7.1.2　钢筋砖过梁

宽度超过 300mm 的洞口上部应设置过梁。过梁应有足够的搭接长度，一般情况下，门、窗过梁在墙体一端的搭接长度为 6～8 度时不应小于 240mm，9 度时不小于应 360mm。钢筋砖过梁是在砖缝内或洞口上部的砂浆层内配置钢筋的平砌砖过梁，如图 7-2 所示。

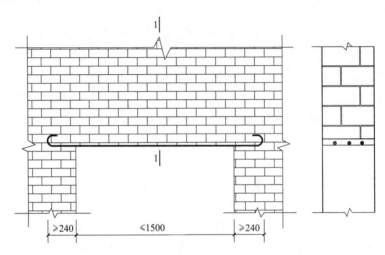

图 7-2　钢筋砖过梁

其构造要点是：先在洞口上部铺一层不小于 30mm 厚的 M5 水泥砂浆层；再在其上配置 $\phi6$ 钢筋，且间距不大于 120mm；可砌一层砖夹一层钢筋，也可砌两层砖夹一层钢筋。钢筋长度每边需宽出洞口不小于 240mm，并在端部设 90°弯钩埋入墙体的竖缝中，然后用不低于 MU10 的砖和不低于 M7.5 的砂浆平砌，其高度应经计算确定，通常不少于 5 皮砖且不小于 1/4 洞口宽度。钢筋砖过梁跨度应≤1500mm，其底面砂浆层中的纵向钢筋配筋量不应低于表 7-1 的要求。

钢筋砖过梁底面砂浆层最小配筋　　　　　　　　表 7-1

过梁上墙体高度 h_w(m)	门窗洞口宽度 b(m)	
	$b \leqslant 1.5$	$1.5 < b \leqslant 1.8$
$h_w \geqslant b/3$	$3\phi6$	$3\phi6$
$0.3 < h_w < b/3$	$4\phi6$	$3\phi8$

7.1.3　砖墙体转角处、交接处施工方法

砖砌墙体在转角和内外墙交接处应同时咬槎砌筑，无可靠措施情况下不得先砌内墙后砌外墙，或先砌外墙后砌内墙。

对于不能同时砌筑而又必须留置的临时间断处，应砌成斜槎，斜槎的水平长

度不应小于高度的 2/3，如图 7-3(*a*)所示。非抗震设防及抗震设防烈度为 6 度、7 度地区的临时间断处，当不能留斜槎时，除转角处外，可留引出墙面 120mm 的直槎，但直槎必须做成凸槎，如图 7-3(*b*)所示。留直槎处应加设拉结钢筋，拉结钢筋的数量为每 120mm 墙厚放置 1ϕ6 拉结筋间距沿墙高不应超过 500mm；埋入长度从留槎处算起每边均不应小于 500mm，对抗震设防烈度 6 度、7 度地区，不应小于 1000mm；末端应有 90°弯钩，如图 7-3 所示。

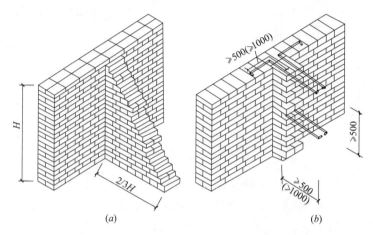

图 7-3　墙体转角处和交接处砌筑方法(单位：mm)

(*a*)斜槎砌筑；(*b*)直槎砌筑

7.1.4　墙体拉结

7～9 度设防时，外墙转角处、纵横墙交接处、长度大于 7.2m 的大房间，从层高 0.5m 标高开始向上，应沿墙高每隔 0.5m 设置 2ϕ6 拉结钢筋，拉结钢筋每边伸入墙内的长度不宜小于 1m 或伸至门、窗洞边，如图 7-4、图 7-5 所示。

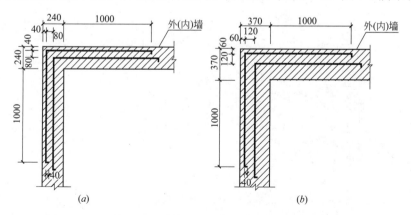

图 7-4　7～9 度设防外墙角、大房间墙角拉结钢筋(单位：mm)

(*a*)240 墙转角；(*b*)370 墙转角

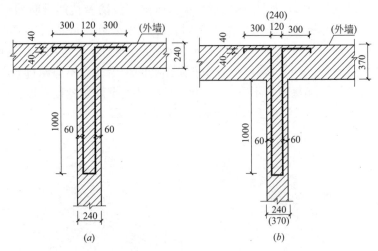

图 7-5　内、外墙交接处拉结钢筋(7-9 度设防，单位：mm)

(a)240 丁字墙；(b)370 外墙

7.1.5　混凝土小型空心砌块插筋芯柱砌体

"反砌、对孔、错缝"是小砌块砌筑的基本要求。反砌易于铺浆和保证水平灰缝砂浆的饱满度；对孔可使小砌块的壁、肋较好地传递竖向荷载，保证砌体的强度；错缝可以增加砌体的整体性。

而芯柱正是利用了其施工要求中"对孔"的要求，将空心砌块上下孔洞对齐，在孔中插入钢筋，并分层灌入混凝土后形成的砌体内部的钢筋混凝土小柱。竖向插筋应贯通墙身高度，并且与每层圈梁连接。芯柱应伸入至外地面下500mm 处，或锚固于埋深 500mm 的基础圈梁内，芯柱的设置如同构造柱，如图 7-6 所示。

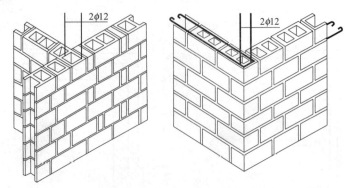

图 7-6　空心砌块利用孔洞配筋成为芯柱

插筋芯柱砌体抗压强度起主导作用的是钢筋混凝土芯柱。在砌体强度和砌筑砂浆强度相同的条件下，钢筋芯柱砌体的强度比空心砌体强度有较大提高。插筋混凝土芯柱砌体沿水平灰缝截面抗剪强度，在芯柱混凝土强度不变条件下，随砌筑砂浆强度的增加而提高，在砌块与砂浆强度相同条件下，插筋芯柱砌体的抗剪强度比空心砌体提高了 10～19 倍，这对混凝土小砌块建筑抗震是比较有利的。

除此之外，若采用多孔砖，可以将多孔砖孔洞上下对齐，在其间插入钢筋，以此增加墙体的整体性，提高建筑物的承载能力。

7.2 隐形构造柱和捆绑法

"隐形构造柱"和"捆绑法"与现有的钢筋混凝土构造柱在砌体中所起的作用相同，虽然对提高砌体的强度和水平刚度作用不大，但由于钢筋的套箍作用而增加了墙体的整体性，提高砌体的变形能力，从而增加了其耗能能力，并且可以防止和控制裂缝的出现和发展。作为钢筋混凝土构造柱的变体形式，"隐形构造柱"和"捆绑法"抗震技术构造简单、施工方便、节约材料，不失为烈度较低的农村地区的有效抗震措施。此外，这两种方法与钢筋混凝土构造柱配合使用，将进一步增加房屋的整体性，从而应用于更高烈度的地区。

7.2.1 隐形构造柱

对于宽度较大的墙体，施工时在基础梁或楼盖梁里插入两根或多根 $\phi 8 \sim \phi 10$ 竖向钢筋，砌墙时墙体将钢筋夹住，墙体被分为两段或多段，并沿墙体竖向每隔 500mm 在水平向设置拉结筋，这种组合构件称为"隐形构造柱"，如图 7-7 所示。此种方法施工上更加方便，采用水泥砂浆代替钢筋混凝土，截面的宽度只比灰缝厚度略大一些，大约只有 30～45mm。

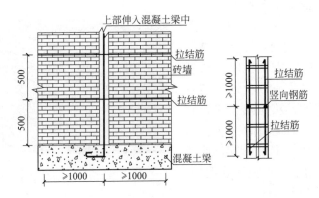

图 7-7 隐形构造柱立面图（左）和平面图（右）（单位：mm）

7.2.2 捆绑法

对宽度较小的墙体，可在墙体两侧沿竖向放置两根或三根 $\phi 6 \sim \phi 10$ 钢筋，具体数量可根据墙体厚度来定,再沿竖向每隔 1.0～1.5m 在砖块之间放置水平拉结筋,将竖向钢筋拉结,对墙体形成约束,以增加其延性耗能能力,如图 7-8 所示。

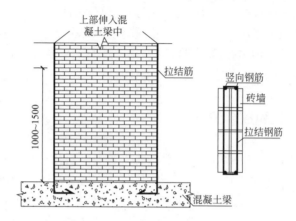

图 7-8 "捆绑法"施工立面图(左)和平面图(右)(单位:mm)

7.3 建筑隔震—基础隔震技术

传统建筑物基础固结于地面,地震时建筑物受到的地震作用由底向上逐渐增大,从而导致结构构件的损坏,建筑物内的人员也会感到强烈的震动。为了保证建筑物的安全,必然加大结构构件的设计强度,耗用材料多,而地震力是一种惯性力,建筑物的构件断面大,所用材料多,质量大,同时受到的地震作用也会相应加大,想要在经济和安全之间找到平衡点往往是很难的。

而基础隔震在建筑物的基础和上部结构之间设置隔震装置(或系统)形成隔震层,把房屋结构与基础隔离开来,利用隔震装置隔离或耗散地震能量以避免或减少地震能量向上部结构传输,从而减少建筑物的地震反应,达到地震时建筑物只发生轻微运动和变形的预期,使建筑物在地震作用下不至损坏或倒塌,如图 7-9 所示。

图 7-9 基础隔震示意图

7.3.1 新型改性沥青隔震垫(BS 隔震垫)

沥青在道路、桥梁和建筑工程中有着广泛的用途。研究表明,沥青材料具有较高的弹性性能、良好的抗疲劳性能和较大的阻尼比,是一种良好的减震材料,并且其造价低廉，易于在村镇民居中推广应用。

新型改性沥青隔震垫具有与叠合橡胶隔震垫类似的性能，其价格十分便宜，制造施工又很方便，为面支撑，破坏形式是慢慢压扁，不会突然使建筑损坏，因此安全性更好，它是利用自身的低侧向刚度性能、较大的阻尼性能和遇振动发热软化的性能从而达到隔震的作用的。

新型改性沥青隔震垫的构造由三部分组成，即中心胎为一层或数层石棉布（或麻布），其上下涂以沥青混合料，其外用塑料薄膜封闭，厚3~7mm，可制成圆形、正方形或长方形。根据隔震应用需要、受力大小、容许侧向位移和隔震要求等因素，确定其厚度、层数和面积。其沥青混合料，也可根据隔振阻尼要求、力学性能要求、耐久性能要求和价格控制限度综合进行确定，一般由下列组分配成：沥青、滑石粉、废橡胶粉和其他多种化学添加剂等，如图7-10所示。它可设置在基础与垫层之间或设置在基础圈梁与基础之间，如图7-11所示。

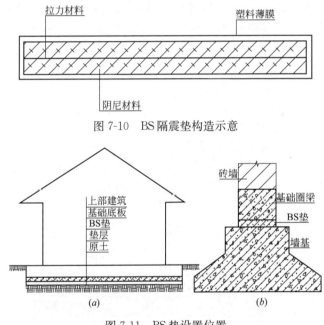

图 7-10　BS隔震垫构造示意

图 7-11　BS垫设置位置

（a）设在基础与垫层间；（b）设在基础与基础圈梁间

7.3.2　钢筋—沥青复合隔震层

对于震后重建和新建的农居砌体结构，可以在基础顶面（外地平以上）处设置一个隔震层（室内地坪以下），如图7-12所示。隔震层设在室外地坪以上，有利于长期对隔震层的保养（如更换沥青防锈层，隔震层钢筋锈蚀），维护时不需要开挖基础。

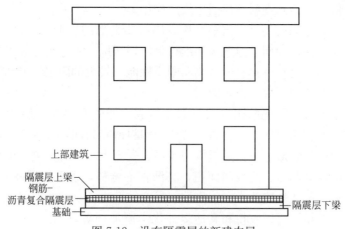

图 7-12 设有隔震层的新建农居

　　钢筋—沥青复合隔震层位于新建建筑底圈梁与基础之间，其具体构造如图 7-13 所示。隔震层上部为隔震层上梁，下部为隔震层下梁，在其间布置一定数量的钢筋，钢筋直径、数量由计算确定，并在钢筋与钢筋之间填充沥青油膏，并隔一定的间距设置砖墩。

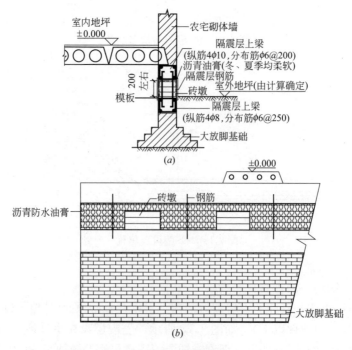

图 7-13　钢筋沥青隔震图（一）

（a）钢筋沥青隔震层横断面图；（b）钢筋沥青隔震层纵剖面图

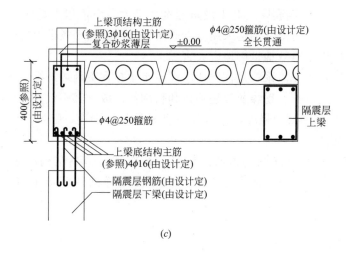

图 7-13　钢筋沥青隔震图（二）

(c)隔震层纵上梁及首层楼面构造图

　　在多遇地震作用下，隔震层内的钢筋处于弹性状态，具有恢复力。因此，上部结构在隔震层以上作弹性的水平往复振动。这时由于隔震层消耗了大量地震能量，上部结构受地震作用很小，结构的破坏也很微小，甚至只有弹性变形没有破坏，达到小震不坏的目的。隔震层内的砖墩主要是用于填充隔震层内钢筋之间的空隙，砌好后的砖墩比隔震层内空矮 1～2cm，在砖墩之间和砖与钢筋之间填有上述软的沥青油膏。当遇到罕遇地震时，隔震层内的钢筋屈服，当上部结构水平运动时，由于钢筋屈服，上部结构及隔震层上梁会坐落在砖墩上继续滑动，达到大震不倒的目的。

　　这种隔震层主要用于抵抗水平地震作用，因此，只要远离震中一定距离的地域都可以使用这种隔震层，可以使大部分人民的生命财产免遭强烈地震的破坏。该隔震系统的主要构件是隔震层内的竖向钢筋，沥青油膏仅仅起防锈作用，若要再降低造价，也可以用其他方法防锈而不用沥青油膏。加之这种隔震层的原理非常明确，就是利用一根竖向、两端固定的钢筋在水平方向的弹性刚度较竖向弹性刚度小很多，从而起到水平向的隔震作用。并且，该方法具有有效的减震效果、价格低廉和简易施工的方法特点，适用范围广泛，适宜在广大新建农居的建造中使用。

7.4　复合砂浆钢筋网薄层窄条带技术

　　新建农居为地震中倒塌后需要在原地重建的房屋和一般的地震区新建房屋。对于这类建筑(主要指 1-2 层的砌体结构房屋和钢筋混凝土结构房屋)可以在基础顶面设置钢筋-沥青隔震层。对于设防烈度为 7 度及 7 度以上地区的新建房屋采用隔震层技术外,对上部结构采用复合砂浆钢筋网薄层窄条带设置圈梁、构造柱和剪刀撑,可以更有效地抵御地震灾害。

高性能复合水泥砂浆,是在普通水泥砂浆中掺入聚丙烯纤维、钙矾石型膨胀剂、减水剂以及硅灰、粉煤灰等超细掺和料制作而成。其不仅具有很高的抗拉(3-5MPa)、抗压(40MPa)强度,而且具有良好的粘结强度、韧性、延展性和较大的极限拉应变。

在该方法中,钢筋网作为增强材料,其作用是提高结构的承载力,复合砂浆起到找平、保护和锚固的作用。该方法同样适用于既有建筑的加固改造中。

7.5　轻钢屋盖

轻钢屋盖指采用轻钢结构屋架以及压型屋面板构成的屋盖系统。国内外现在普遍使用的屋面材料有金属压型钢板、金属压型复合保温板及夹心板。其中,金属压型钢板是目前轻型屋面有檩体系中应用最为广泛的屋面材料,具有轻质、高强、美观、耐用、施工简便、保温、隔热、隔声及抗震防火等特点,其自重是传统结构的 1/20～1/30。若有保温隔热要求时,可采用双层钢板中间夹保温层的做法或者在压型钢板的下部设带有铝箔防潮层的玻璃纤维毡或矿棉毡卷材;若防潮层未用纤维增强,尚应在底部设置钢丝网或玻璃纤维织物等具有抗拉能力的材料,以承托隔热材料的自重。

轻钢屋面比起钢筋混凝土屋面重量轻,对建筑的抗震比较有利,其替代了大量传统屋面建造方式中使用的水泥、黏土瓦及木材等材料,减少了主体上部结构和地基基础的土建成本,真正做到了节材,并从根本上解决了这些不可再生资源的使用,节约了大量的建材资源。并且,该种屋面还具有寿命长、不易击穿和撕裂、耐腐蚀等特点,当其达到使用寿命时还可以回收,有利于环境的保护,更加适合在农居中推广。

轻型钢结构屋顶由屋面和支承结构组成。屋顶的形式根据支承结构的不同可以有多种形式,一般常见的屋顶形式有平屋顶和坡屋顶,除此之外,还有球面、曲面、折面等形式的屋顶,如图 7-14 所示。

其中一种轻钢坡屋顶是由薄壁轻钢结构框架和玻纤增强的沥青瓦和防水材料组成,该屋顶是一种节能型屋顶系统,其与传统屋面相比较,可节约屋面部分能耗的 70% 左右,即节约整个建筑能耗的 25%～30% 左右。该屋面系统具有优异的热工性能,如果将该屋顶系统推广到城市旧房改造和广大城镇农居的建造中,则会产生更大的经济效益。

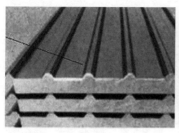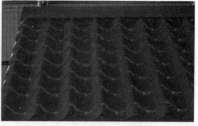

图 7-14　轻钢屋面板

7.6　新型结构形式

常见的农居结构形式如砌体结构、木结构、生土结构和石结构，但历次震害表明，这些结构由于材料缺陷、设计和施工问题等多数震害较严重，故而可以采用一些新的结构形式以提高农居建筑的抗震性能。

7.6.1　钢筋混凝土结构

钢筋混凝土是应用最多的一种结构形式，占总数的绝大多数。钢筋混凝土结构住宅是指房屋的主要承重结构，如柱、梁、板、楼梯、屋盖用钢筋混凝土制作，墙体用砖或其他材料施工建造的房屋。钢筋与混凝土因其具有近似相同的线膨胀系数、良好的粘结力而可以共同工作，共同承受结构所受荷载，保证结构安全。

由于混凝土的抗拉强度远低于抗压强度，因而素混凝土结构不能用于受拉应力的梁和板。如果在混凝土梁、板的受拉区内配置钢筋，则混凝土开裂后的拉力即可由钢筋承担，这样就可以充分发挥混凝土抗压强度较高和钢筋抗拉强度较高的优势，共同抵抗外力的作用，提高混凝土梁、板的承载能力。钢筋与混凝土两种不同性质的材料能够有效地共同工作，是由于混凝土硬化后与钢筋之间产生了粘结力，它由分子力（胶合力）、摩阻力和机械咬合力三部分组成。其中起决定性作用的是机械咬合力，约占总粘结力的一半以上。将光面钢筋的端部做成弯钩，及将钢筋焊接成钢筋骨架和网片，均可增强钢筋与混凝土之间的粘结力。为保证钢筋与混凝土之间的可靠粘结和防止钢筋被锈蚀，钢筋周围须具有一定厚度的混凝土保护层。若结构处于有侵蚀性介质的环境，保护层厚度还要加大。

与传统的农居结构形式相比，这种结构具有抗震性能好、整体性强、抗腐蚀性、耐火能力强及经久耐用等优点，并且房间的开间、进深相对较大，室内活动空间也相应增加，室内空间分隔较自由。可以被利用于农居中，如图 7-15 所示。

7.6.2　轻钢内骨架结构

轻型钢结构主要是用在不承受大载荷的承重建筑。采用轻型 H 型钢（焊接或轧

图 7-15　钢筋混凝土房屋

制；变截面或等截面)做成门形钢架支承，C 型、Z 型冷弯薄壁型钢作檩条和墙梁，压型钢板或轻质夹芯板作屋面、墙面围护结构，采用高强螺栓、普通螺栓及自攻螺丝等连接件和密封材料，组装起来的低层和多层预制装配式钢结构房屋体系。

　　轻型钢骨架具有延性好、抗震性能优越的特点。与砌体结构等其他结构相比，在减轻建筑破坏，避免人员伤亡，减少经济损失等方面具有明显的优势，非常适用于高烈度区的建筑。另外，轻型钢结构强度高，重量轻，方便现场组装架立，施工速度快。采用轻钢结构骨架使室内使用空间增大，房间隔断更加灵活。并且，轻钢骨架本身可以循环利用，不会造成建筑垃圾，故更加经济环保。

　　为了满足不同层次用户的需要并考虑就地取材的方便，墙体可以考虑轻钢龙骨轻质墙体、黏土砖(多孔砖)墙、水泥空心砌块墙等多种形式，可以根据自身的实际需要、经济条件以及住宅周边自然环境进行组合选用。但由于黏土砖(多孔砖)墙和水泥空心砌块墙体抗震性能较差，若采用此种墙体应保证与主体结构有可靠的连接，如图 7-16 所示。

图 7-16　轻钢内骨架

参 考 文 献

[1] 樊承谋. 木结构在我国的发展前景. 建筑技术. 2003(4)Vol. 34：297-298.

[2] 仇保兴. 地震灾后建筑修复加固与重建技术. 北京：中国建筑工业出版社. 2009.

[3] 周云，伍圣喜，吴从晓，韩家军. 近年地震中砌体结构房屋的震害分析和设计建议.
砌体结构理论与新型墙材应用. 2007：257-260.

[4] 王兰民，袁中夏. 西北农居抗震设防技术指南. 北京：地震出版社. 2011.

[5] 李东彬，葛学礼，徐福泉. 既有村镇住宅改造加固技术指南集. 北京：中国财富出
版社，2013.

[6] 民用建筑可靠性鉴定标准(GB 50292—1999)

[7] 葛学礼，朱立新，黄世敏. 镇(乡)村建筑抗震技术规程实施指南. 北京：中国建筑
工业出版社，2010.

[8] 中国建筑标准设计研究院. 建筑震害分析及实例图解(08CG09). 国家建筑标准设计
参考图. 2008.

[9] 建筑抗震设计规范(GB 50011—2010). 北京：中国建筑工业出版社.

[10] http://jpkj.tjee.cn/jpkc2008/jzjgkz/jzjgkz/lsdz3.html♯1. 1996 年云南丽江 7.0 级地震.

[11] http://jpkj.tjee.cn/jpkc2008/jzjgkz/jzjgkz/lsdz5.html. 2003 年新疆巴楚伽师 6.8 级地震.

[12] 农村危险房屋鉴定技术指导(试行). 中华人民共和国住房和城乡建设部. 2009 年 3 月.

[13] 镇乡村建筑抗震技术规程(JGJ 161—2008)，北京：中国建筑工业出版社，2008.

[14] 陆鸣. 农村民居抗震指南. 北京：地震出版社，2006.

[15] 钱国桢，许刚，宋新初. 一种新型的沥青阻尼隔震垫(BS 垫)及其应用. 浙江建筑.
2001 年第 1 期.

[16] 尚守平. 农村民居建筑抗震实用技术. 北京：中国建筑工业出版社. 2009.

[17] 刘天榕. 基于反应谱理论的并联基础隔震和砂垫层隔震研究. 河海大学. 2007.

[18] 贾冠华. 农村典型自建多层砌体抗震技术研究. 兰州交通大学. 2011.

[19] 孙氚萍，侯汝欣，崔宪文. 砼小型空心砌块插筋芯柱砌体力学性能研究. TU522. 34.

[20] 李阳，于华时. 轻型钢结构设计与制作新技术实用手册. 当代中国音像出版社.

[21] 欧文斯科宁：轻钢坡屋顶系统的独立者. 北京：中国建设报，2005.

[22] 陈忠范. 村镇砌体结构建筑抗震技术手册. 南京：东南大学出版社. 2012.

[23] 山东省地震局. 农村民居建筑抗震施工指南. 北京：地震出版社. 2009.

[24] 中国百科网. 简述建筑工程施工新技术的应用.

[25] 杨红玉，钱忠勤. 轻质砂浆内外组合保温系统技术应用研究. 建筑科学，Vol. 28，
No. 3，Mar. 2012.

[26] http://www.doc88.com/p-39456363326.html.

北京筑福国际工程技术有限责任公司简介

北京筑福国际工程技术有限责任公司（以下简称筑福国际），是以建筑抗震为核心，服务既有建筑综合改造产业一体化的国际工程技术公司。我们致力于为既有建筑提供全方位检查诊断、咨询设计、加固改造、投资管理等整体解决方案，结合行业和区域产业经济发展方向，为中国市场经济初级阶段的城市改造建设提供整体策略。搭建以生产、市场、技术为核心的"铁三角"组织模式，实行以项目为核心的"矩阵式"运营管理，以实现伙伴增值，提高有效产出为项目宗旨。

筑福国际设立既有建筑科学研究院，下设抗震技术、产业经济、人文环境研究所等科研机构，通过国际技术合作，工程理论研究，实际项目应用总结，现已获得国家专利 103 项、技术包 11 个、行业图集 6 本、《既有建筑加层体系》等 5 本图书，国内外论文 113 篇，是中关村领先的高新技术企业。完成 ISO 四标认证。拥有工程设计甲级资质等多项建筑行业专业资质的纵向一体化的产业链型建筑工程技术集团。

与美国、日本、中国台湾等地区的多家抗震机构建立合作机制。引入美国原位砂浆准确检测法，与芬兰隔尔固弹簧隔震公司、美国 EPS 滚珠隔震公司、中国震泰橡胶隔震公司合作研发出适合中国的隔震技术，并首次应用到建筑改造装配式施工中。筑福既有建筑科学研究院通过实验、审批，首次将碳纤维加固技术应用于砌体结构建筑加固中。在老旧住宅综合改造中，首次应用外套式加固技术。

自 1999 年成立以来，公司现有员工 402 名，其中经济专家、技术大师等高级人才占 70%，已形成经济专家为龙头，高级技术人才为骨干，青年生产人员为基础的人才培养和运营环境，是项目进行及技术研发强有力的智力保障，并积极参与到国家行业规范编撰、国家课题研究、国家重点工程等各专业研究项目。

筑福国际成立了 12 家子公司，20 个项目公司，4 家设立于北京、上海、福建、旧金山的分公司，业务辐射中国 21 个省市以及美国和东南亚等地区。2008年，在全国学校安全工程中建立行业标准，引领行业发展，培训指导山东、河北区域抗震工作，同时还承担了北京医疗卫生系统和军队、武警系统的抗震鉴定工作。2011 年，在北京保障房建设中，承担了 200 万 m^2 的设计和项目管理、后期安置任务。2012 年，成功入围北京市老旧小区抗震节能综合改造政府采购单位名录，完成改造设计共 400 万 m^2，抗震鉴定 600 万 m^2 的任务，为优化首都城市人居环境，提高社区居住品质，做出了贡献。在上海、福建建筑加层、加梯等项目的完工，探索出一条解决社会老龄化问题的途径。

筑福国际 14 年，共完成了抗震鉴定 3000 万 m^2，加固设计 2000 万 m^2，加固施工 200 万 m^2，为建筑在地震中的安全贡献了有效力量。现在"筑福国际"已经发展成为中国抗震加固、老旧小区改造行业领军品牌。树立了黑山棚户区 60 万 m^2 安置房，京燕饭店 3 万 m^2 综合改造，樱桃沟新农村改造，延庆一小隔震新技术加固，美国马儿岛艺术产业园等一大批知名标杆项目。

筑福国际义不容辞地践行企业的社会责任，贡献社会公益事业。2008 年汶川地震后，无偿为湔氐龙居中心小学提供教学楼新建设计，使之成为灾后重建建筑中抗震性能最好的学校之一。2009 年青海玉树地震后，无偿为称多县清水河小学提供整体设计。2012 年云南省地震后，积极协助国家地震局救援中心开展系列灾后安全排查，指导灾区抗震救援工作。在国内乃至国际的抗震救援工作中，都有筑福国际的广泛参与。

十余年来，筑福国际以建筑安全为己任，通过持续科技创新，为客户提供既有建筑综合解决方案，为社会筑建幸福生活，为成为全球建筑抗震领导者而努力前行！